自分の絵で人気ブログを作る100のメソッド

# ブログ × 絵 × ブランディング

ブログ「コンテアニメ工房」運営
**ハシケン**（橋本賢介）**著**

ソシム

# はじめに

SNSで一言つぶやいたとき、
ブログで最初の記事を公開した日から
あなたという存在のイメージは形作られていきます。

せっかくなら、あなたの望む方向に展開させたいと思いませんか?

ただブログを書くだけでもあなたのイメージは勝手に作られていきます。
でもほんのちょっと工夫することで
あなたにもう少し有利に働くようにすることもできます。

それはやがて、あなただからこそできる「何か」で
悩みを解消できるかもしれないどこかの「誰か」に
存在を「気づいてもらう」ことにつながるかもしれません。

だからって無理してキラキラと見せる必要なんかありません。
あなたのそのままの姿とあなたが持っている情報を
ブログやSNSで効果的に発信していくだけでいいんです。

さらにその発信に「絵」という強力なツールも使って
もっと読みやすく楽しめる工夫をしてみませんかというのが
この本でお伝えしていくメインテーマです。

【ブログ×絵×ブランディング】を理解して使えるようになれば
あなたの人生は今よりもっと輝くようになるかもしれません。

## この本はこんな人に向けて書かれた本です

- ブログを始めてみたい
- ブログで収益を得られるようになりたい
- 絵を描いて好きなことに使いたい
- デジタルで絵を描いてみたい
- 会社の後ろ盾がなくても一人で生きていけるようになりたい
- 自分をブランディングできるようになりたい

日記ブログが書きたい、絵のプロになりたい、楽して人気者になりたい……
この本はそういう方に向けて書いてはいませんのでどうぞご注意ください。

これからの人生を真面目に考えて行動したい、そんなあなたへ送ります。

## 筆者について

筆者はかつて親の反対を押し切り大学を中退し漫画家を目指しましたが……30歳を前にして夢破れました。絶体絶命の人生を立て直そうと漫画家を目指した経験のみで就職活動に臨み、幸運にもその後は遊技機のアニメーション制作やスマホゲームのアートディレクターとして3社に渡って十数年間絵を描く仕事に従事します。
2015年には個人事業主として独立し、アニメプロフィールムービーを制作するビジネス用ブログとして【コンテアニメ工房】という名のサイトを開設しました。

事業計画書を作り、日本政策金融公庫に融資を頼み【コンテアニメ®】という商標まで取得して始めましたが、なかなかうまくいかず半年で破産しかけ……。妻と娘を抱えて生き延びるため必死の想いでブログを180度方向転換しました。

開業当初のビジネスは諦め、自分が長年仕事で培った知見を活かし絵のノウハウを伝えることをメインとしたサイトへフルリニューアルしました。名前と顔写真を表に出すだけでなく自身の似顔絵キャラを記事の解説やツッコミ役に使い、ブログ記事のアイキャッチのイラストを毎回描き下ろし、SEO対策も踏まえることでリニューアルから1年後には以前の25倍以上のアクセスを集められるようになっていました。……独立以来、ようやくやりたいことが自由にやれる環境が整った瞬間でした。

ただはっきり言うと、絵自体にサイトを上位表示させる力はありません。また自分自身で描いたオリジナルの絵を使うことがフリーの画像素材と比べてGoogleに評価されるわけでもありません。重要なのは、サイトに訪れてくれた人の滞在時間を延ばし満足度を高めること。さらに、そのサイトならではの「色」を覚えてもらい好きになってもらうことです。

文章やデザイン周りでもできることではありますが、絵は一瞬で人の心をつかむことができる強い力を持っています。あなた自身で絵を描いて使うことができれば余計な予算もいりませんし、やりたいことに合わせて好きなように演出していけます。いちいち人に描いてもらっていては、ちょっとした部分を直したくてもそのたびにお金も時間もかかってしまいます。

デジタルで絵を描くということは、あなたが今考えてる以上に簡単です。アナログよりよほど楽できる部分も多く、鉛筆でのお絵かきより上手い絵が描けるようになれます。本書を参考に「デジタル絵を描いて使う」ための新たな一歩を踏み出してもらえると嬉しいです。

【コンテアニメ工房】運営 / アートディレクター
ハシケン（橋本 賢介）

# 「ブログ」であなたにしかできない
# 情報発信をしよう

いわゆる芸能人の日記のようなものではなくて、悩みや調べたいことがあるときにGoogleやYahooで検索して出てくる記事が本書で言うところの「ブログ」です。

今やブログは日本だけでも1000万人以上が書いていると言われ、特に収益の絡むキーワードでの上位表示は激戦区となっています。それくらいブログは実際に収益に結びつけることが可能な媒体とも言えます。筆者のサイト【コンテアニメ工房】でもさまざまな記事を通じて実際に利益を得ています。

ブログはたいしたお金もかからずローリスクで始められるので多くの人が挑戦しますが、現実には7割以上の人が3カ月もたずに投げ出してしまうそうです。

……なぜだと思いますか?

ブログで成果を出すにはある程度の時間と労力が必要だからです。ブログを収益化するためには「アクセスアップ」が欠かせません。ただ漠然と日記みたいな記事をいくら書いてもアクセスはそうそう上がりません。なかなか結果につながらずに結局多くの人が投げ出してしまうので、逆に継続できる人には大きなチャンスが待っている世界です。

ブログの書き方をきちんとおさえてSEOと呼ばれる上位表示対策をとることにより、何%かのブロガーは実際に多くのメリットを手にしています。収益ももちろんですが、同じくらい大事なのがブログで発信する情報によって自分の存在を誰かに知ってもらえる点です。

現代は自らの情報発信によってのみ得られることが数多くあります。世間に向かって発信していかないことには、あなたという人の存在も得意なことも魅力も届くことはありません。

でも発信さえすれば、想像以上に多くのことが得られます。

そもそもこの本の企画も、自分がブログに書いていた記事を編集者の方がたまたま見かけてアプローチしてくれたことがきっかけでした。

ぜひあなたにも、ブログの情報発信を通じてこれまで思いもよらなかった体験や利益を得てもらえたらと願っています。

# 「絵」の表現・演出力をツールとして活用できるようになろう

「絵」という存在には、一瞬で人の目を引きつける強い力があります。特に大きいのは、文章と違い即座に意味や感情を伝えることができる点です。

現代のようにスマホの縦スクロールで流し見される時代では、ブログの文章もどんどん読み飛ばされています。

でも、間に絵が入ってくることでその流れを止めることができます。記事内に入ってくる画像全般を「アイキャッチ」と呼びます。見出しの下に写真が配置されているブログ記事をよく見かけませんか？　あれは箸休めの要素や内容の補完の意味がありますが、写真ではなく「絵」を加えることで他のブログとの違いを強く演出することができます。また記事内でアイコンと吹き出しを使い会話形式で読ませる手法もありますが、これもイラストを使えば印象をガラッと変えることができます。

使う絵は、あなたオリジナルの絵で構いません。画力はあるにこしたことないですが、下手でも問題ありません。ありふれたフリー画像を使ってない独自性こそが重要なのです。あなた自身で絵を描けると、ブログのイメージはいつでも自由に変えられます。そしてWeb上で絵を使うなら、デジタルで全部済ませられると非常に便利で楽です。

絵の持つ表現力、演出力は絶大です。新聞の片隅にある4コマ漫画にホッとした子ども時代を思い出してください。改行もなく文字のみが羅列したブログ記事の重々しさを想像してみてください。絵があるとないとでは、見た目の印象も読み進める意識も全く変わるはずです。

ブログで絵を使うなら、この本に書いてある操作さえわかれば大丈夫です。まずは最低限必要なことだけ効率的に覚えていきましょう。アナログのラクガキができる程度の画力さえあれば、絵を始めるには十分です。

# 「ブランディング」で一人でも
# 生きていける力を手にしよう

本書執筆時点の2018年2月、会社員の副業解禁が叫ばれています。実際に解禁された場合は多くの会社員が副業に挑戦していくでしょう。体を動かすアルバイトをする人もいれば、ネットを使ってビジネスを始めたり、最近話題の仮想通貨へ投資を始める人もいるでしょう。

中でもブログを利用した収益化（マネタイズ）は、リスクも必要な予算も少ないため多くの人が始めることが容易に想像できます。ですが既にGoogleの検索上位表示を狙ってブロガーが数多くひしめいています。今後ますますレッドオーシャン化は進むでしょうし、副収入が得られる人の割合も今以上に限られてくるかもしれません。

これからのブログで重要になってくるのが「オリジナルのコンテンツ」です。他のサイトにはない独自の情報、見せ方、伝え方……。ありきたりではもはや誰にも見てもらえません。

見られなければアクセスは集まらず、収益化もかないません。必要になってくるのは、あなた自身とあなたのブログの「差別化」です。さらに突き詰めていくと「独自化」、究極的には「ブランディング」も必要になっていきます。

「ブランディング」という言葉はビジネスやマーケティングで多く使われていて定義付けには若干の差もありますが、この本においては「覚えてもらい、好きになってもらって、選んでもらうこと」と位置づけたいと思います。

これからの時代は「ブランディング」せずには生き残れません。個人でもブランディングに取り組みやすいメディアこそ「ブログ」であり、さらに「絵」というツールを使えばあなたの発信は読み手の関心をしっかりつかむことができるようになるでしょう。

# 【ブログ×絵×ブランディング】で
# あなたが手に入れる未来

あなた自身で描いた絵をブログに使うことで、他の誰にも真似できない表現と世界観が蓄積・構築されていきます。あなたにしか発信できない情報を、あなただけの絵で届けていくことであなたのブランド化はどんどん進んでいくでしょう。

【ブログ×絵×ブランディング】ならあなたのやりたいことが叶えられます。一人で生きていける力も手に入り、自由に収益の種もまいていけます。何よりも、自由に発信してそれで喜んでくれる人がたくさんいる状況は幸せなことです。大きなやりがいも感じられることでしょう。

……自分自身、独立後にブログを開設していたことでその後の失敗も乗り越えられました。

独立3年目の今は、下請けの仕事は一切せず好きな仕事のみで家族を養っています。収入も、会社員時代のような年一回の昇給を待つこともなくやり方次第で上げていけます。

さまざまな可能性が広がるブログという媒体は、個人にとっての最後のフロンティアと言ってもいいでしょう。実際それくらい多くのものを自分もブログからもらってきましたし、絵の業界しか知らなかった会社員時代には考えられない多くの出会いも得ました。

会社員のあなたは、【ブログ×絵×ブランディング】の考え方で副収入化に挑戦してみてください。収入のラインが増えれば会社に何が起きても怖くなくなり、肩の力を抜いて今より自由にやれるようになるでしょう。会社自体も収益の道の一つと考えられるようになると、見方も行動の幅も大きく広がっていくはずです。

既に独立してまだうまくいっていないあなたは、【ブログ×絵×ブランディング】で効果的な発信を身につけてください。あなたがどんな悩みを解決できるのか、困って検索する人たちにしっかり情報を届けていきましょう。読んでもらうための工夫を行い、他に差をつけましょう。

あなたの人生を今よりさらに豊かで楽しくするため、そして万が一の時には一人でも生きていける力を手に入れるために、本書をお届けします。

# 序章 　　　　　　　　　　　　　　　　　　　　　　**2**

はじめに …………………………………………………………………… 2

この本はこんな人に向けて書かれた本です ………………………… 3

筆者について ……………………………………………………………… 4

「ブログ」であなたにしかできない情報発信をしよう ………………… 6

「絵」の表現・演出力をツールとして活用できるようになろう ………… 7

「ブランディング」で一人でも生きていける力を手にしよう …………… 8

【ブログ×絵×ブランディング】であなたが手に入れる未来 ………… 9

## Part 1
## あなたのやりたいことの実現に
## 「絵の力」を活用しよう 　　　　　　　　　　　　**17**

**METHOD 1**
副業解禁が叫ばれる現代はセルフブランディングが欠かせない ………………… 18

**METHOD 2**
ブログは発信した情報が積み上がっていくメディア ………………………………… 20

**METHOD 3**
現代は猛烈な情報氾濫時代? ………………………………………………………… 22

**METHOD 4**
独自コンテンツを自分自身で作れる人だけが生き残れる ………………………… 24

**METHOD 5**
あなただけの表現力で差別化、そしてその先の独自化へ ………………………… 26

**METHOD 6**
情報発信はエンタテインメントでなければならない ……………………………… 28

**METHOD 7**
文字だけのブログでは今後は難しくなっていく? ………………………………… 30

**METHOD 8**
文章だけでは届かない発信も絵の活用で届くようになる ………………………… 32

**METHOD 9**
読み手の想像力に任せずイメージの固定化をはかれ ……………………………… 34

**METHOD 10**
絶対的に画力が必要な事例もある ………………………………………………… 36

**METHOD 11** コラム1
セルフブランディングがもつ怖さ …………………………………………………… 38

# Part2
## 「絵」をあなた自身で
## 描いて使うための心構え　　　39

**METHOD 12**
うまく使えている人はまだまだ少ない「絵」の持つ力 ……………………………40

**METHOD 13**
絵を描いて使えば今よりもっとあなたの個性を発信できる……………………42

**METHOD 14**
子どもの頃になぜ絵を描きたいと思ったか　そしてなぜ多くの人がやめたのか?…44

**METHOD 15**
プロだってみんな最初は下手だった……? ……………………………………46

**METHOD 16**
「絵」を戦略的に活用する方法 …………………………………………………48

**METHOD 17**
絵を描いて使いたいと思っている人は増えてきている? ……………………50

**METHOD 18** コラム2
Google検索1位表示された「考えながら描く」ということ ……………………52

# Part3
## まずこれだけ知っておこう
## デジタルで絵を描く〜機材・準備編〜　　　53

**METHOD 19**
デジタル作画のすすめ ……………………………………………………………54

**METHOD 20**
デジタルならあなたの絵は今より上手く見せられる……………………………56

**METHOD 21**
デジタル作画を始めるメリットとデメリット ……………………………………58

**METHOD 22**
デジ絵はアナログよりむしろ簡単だという事実 ………………………………60

**METHOD 23**
デジ絵3種の神器 ………………………………………………………………62

**METHOD 24**
デジ絵3種の神器❶「パソコン」………………………………………………64

**METHOD 25**
デジ絵3種の神器❷「ペンタブ」………………………………………………66

**METHOD 26**
デジ絵3種の神器❸「ペイントソフト」 ·········· 68

**METHOD 27**
番外編❶ BTOパソコンも検討してみよう！ ·········· 70

**METHOD 28**
番外編❷ タブレットならどこでも絵が描ける ·········· 72

**METHOD 29**
番外編❸ 無料ソフトやアプリもうまく利用しよう！ ·········· 74

**METHOD 30**
デスク周りの環境づくりも意識しよう ·········· 76

**METHOD 31**
デジタルで絵を描く基本姿勢を覚えよう ·········· 78

**METHOD 32**
板タブと液タブの違い ·········· 80

**METHOD 33**
絵を描く基本の流れについて ·········· 82

**METHOD 34**
デジタル最大の鬼門「レイヤー」の概念をつかもう ·········· 84

**METHOD 35**
レイヤーの基本ルール　まずこれだけ知っておこう ·········· 86

**METHOD 36**
ペンタブに慣れる3つの秘訣 ·········· 88

**METHOD 37** コラム3
絵を描いて使うなら「アニメ塗り」さえわかればよし！ ·········· 90

# Part4
## これだけわかれば大丈夫！
## デジタルで絵を描く～アニメ塗り・実践編～　　**91**

**METHOD 38**
CLIP STUDIOで絵を描くときはまずここだけおさえよう！ ·········· 92

**METHOD 39**
新規キャンバスを作成しよう ·········· 94

**METHOD 40**
サイズと解像度の違いをおさえておこう！ ·········· 96

**METHOD 41**
ラフを描こう❶ ラフを描くときに意識すべきこと ·········· 98

**METHOD 42**
ラフを描こう❷ 小手先の技術をうまく活用しよう ……………………… 100

**METHOD 43**
線画を描こう❶ 線画を描く手順とポイント ……………………………… 102

**METHOD 44**
線画を描こう❷ 線画をきれいに描く5つの極意 ………………………… 104

**METHOD 45**
着色をしよう❶ アニメ塗りの基本手順 ……………………………………… 106

**METHOD 46**
着色をしよう❷ 色塗りの力を伸ばすためのコツ ………………………… 108

**METHOD 47**
影・光の塗り方 ………………………………………………………………… 110

**METHOD 48**
キャンバスを自由に動かして絵を描こう！ ………………………………… 112

**METHOD 49**
「仕上げ」最終チェックで絵の質を2倍3倍に引き上げよう ……………… 114

**METHOD 50**
作成データの保存・書き出しして素材化 ………………………………… 116

**METHOD 51**
文字を絵の上に置きたい！　背景に別の絵を入れたい！ ……………… 118

**METHOD 52** コラム4
デジ絵を目的でなく手段にするなら必要なことだけ覚えよう！ …………… 120

# Part5
## 初心者のうちに
## まずおさえたいデジ絵の上達法 　　　　　121

**METHOD 53**
ラフは何度だって描き直そう ………………………………………………… 122

**METHOD 54**
線画を上手く描けるようになるためのコツ ………………………………… 124

**METHOD 55**
影と光を上手く描く方法 ……………………………………………………… 126

**METHOD 56**
手ブレ補正機能を使おう！ …………………………………………………… 128

**METHOD 57**
トレースのすすめ ……………………………………………………………… 130

### METHOD 58
キャラの表情・動きは大きくつけよう ………………………………… 132

### METHOD 59
全体のバランスを見て描き込みにメリハリをつけよう ……………… 134

### METHOD 60
ショートカットを使って楽をしよう ………………………………… 136

### METHOD 61
今より3倍上手くなる！　選択・変形を自在に使いこなせ ………… 138

### METHOD 62
上達したいなら人に見せてダメ出ししてもらおう …………………… 140

### METHOD 63 コラム5
独学は危険！　わかる人に聞いて成長への近道を進め ……………… 142

# Part6
## 初心者を脱却してその先を目指す秘訣と
## 絵のお悩み解消法　　　　　　　　　　　　143

### METHOD 64
絵が上手い人の特徴を盗め！ ………………………………………… 144

### METHOD 65
絵を速く描く11のコツとは？ ………………………………………… 146

### METHOD 66
今どきの便利な道具は積極的に活用しよう ………………………… 148

### METHOD 67
イライラしたときはヘタクソだったころを思い出そう …………… 150

### METHOD 68
構図やポーズが思いつかないときの打開策 ………………………… 152

### METHOD 69
絵を描くのが面倒くさくなる理由と対処法 ………………………… 154

### METHOD 70
絵を描くモチベーションがまたメキメキ上がる7つの方法 ……… 156

### METHOD 71
絵の初心者が上手く見せるためのコツとは？ ……………………… 158

### METHOD 72 コラム6
プロを目指さないからこそ楽して効率よく描くことにこだわろう ………… 160

# Part7

## 【COMICSの法則】
## デジタル絵を効率よく
## 魅力的に描き続けるための6つの鍵　　161

**METHOD 73**
【COMICSの法則】とは？ ……………………………………… 162

**METHOD 74**
【Character】メインのキャラクターを用意する　164

**METHOD 75**
【Originality】キャラ絵にフリー素材は使わない……………… 166

**METHOD 76**
【Materials】使いまわせる素材を確保していく ………………… 168

**METHOD 77**
【Impact】自分だけの世界観を作っていく ……………………… 170

**METHOD 78**
【Combination】絵と他のものを組み合わせる ……………… 172

**METHOD 79**
【Simple】余計な設定を付けない ………………………………… 174

**METHOD 80**
【COMICSの法則】の使い方とチェックリスト………………… 176

**METHOD 81** コラム7
コンテンツ・マーケティングの落とし穴 ……………………… 178

# Part8

## キャラクター・マーケティングを
## 駆使せよ！　　179

**METHOD 82**
「キャラクター・マーケティング」を個人ブログに取り入れよう…………… 180

**METHOD 83**
まずは自分の似顔絵から「キャラデザ」してみよう ………………… 182

**METHOD 84**
似顔絵イラストを上手く描くコツ…………………………………… 184

**METHOD 85**
好かれやすいキャラクターのポイントを知っておこう……………… 186

**METHOD 86**
キャラの目線・向きが与える印象を使って演出せよ！ ······················ 188

**METHOD 87**
イマジナリーライン ·································································· 190

**METHOD 88**
目指すはニッチか、万人受けか？ ················································ 192

**METHOD 89**
演出はペルソナを設定しないと決められない ······························· 194

**METHOD 90**
商用フリー素材のすすめ ···························································· 196

**METHOD 91**
漫画やアニメの表現を積極的に取り入れろ ·································· 198

**METHOD 92**
流れで伝えたいときはストーリーで魅せよう ······························· 200

**METHOD 93**
ブログで絵を使うとき参考にしたいサイト4選❶ ························· 202

**METHOD 94**
ブログで絵を使うとき参考にしたいサイト4選❷ ························· 204

**METHOD 95**
SNSにおけるデジタル絵の効果的な活かし方 ····························· 206

**METHOD 96**
絵やキャラをブログに使う際の注意点 ········································· 208

**METHOD 97**
ブログで収入を得る第一歩とは？ ················································ 210

**METHOD 98**
ブログで成果を出すための近道は成功者を真似すること！ ·············· 212

**METHOD 99**
ブログを上手く長く継続していく10のコツ ································ 214

**METHOD 100** コラム8
ブログの発信ではあなた自身が一番のキャラクター！ ···················· 216


# 終章 218

ブログ運営で得たもの ································································ 219

継続していくためにもわからないことは先人に聞こう ···················· 220

人生で出会えた多くの方々に感謝を込めて ·································· 221

Information ············································································ 222

# Part 1

## あなたのやりたいことの実現に「絵の力」を活用しよう

## METHOD 1 　副業解禁が叫ばれる現代は セルフブランディングが欠かせない

### ✅ セルフブランディング

「セルフブランディング」と言う言葉を聞いたことがありますか？ 2010年頃から提唱され始めた考え方で、会社の後ろ盾に頼らず「あなた」という一人の人間に対して仕事を頼みたいと思われるように個人をブランド化していく行動です。個人事業主やフリーランスには特に必要と言われます。「この仕事はこの人でないとダメだ！」「せっかくなんだからこの人にお願いしたい！」狙った相手にそう思ってもらえたらライバルとの戦いすら不要となります。ブログを書いていくなら必ず意識していくべき部分です。

### ✅【ブログ×絵×ブランディング】のススメ

2018年現在、正社員の副業解禁が叫ばれています。副収入を得たいという考えから、今後ますますブログに取り組む人の数は増えていくでしょう。その中で一歩先に抜け出るには、あなた自身をブランド化していくセルフブランディングが欠かせません。あなたが他の人とどこが違うか、それをどう伝えるかを考えていきましょう。本書では「自分で絵を描いてブログのブランディングに活かす」ための【ブログ×絵×ブランディング】を紹介していきます。あなた自身で絵を描いて使うことができれば「セルフブランディング」の実現はグッと楽になります。

## 「セルフブランディング」大まかな流れ

自分の人生を今後どう生きていきたいか自由に決めていくために絶対欠かせない部分だ！

ブログなどで情報発信
（SNSの併用も重要）

悩みを解決できる記事を蓄積していく

次第にその分野の専門家とみなされるようになる

たまにあなた自身を出す内容の記事も混ぜて人間的魅力を知ってもらう

あなたでないとダメだと思われて仕事が来るようになる

- あなたがどう見られていきたいかを第一に考えよう
- 現実以上に着飾ると実物を見て幻滅される恐れも？

## METHOD 2　ブログは発信した情報が積み上がっていくメディア

### ✓ SNSじゃムリ！　発信した情報が蓄積できるブログの力

　基本的にFacebookやTwitterなどのSNSはフロー型のメディアなので、発信した情報はすぐに流れていってしまいます。でもブログはストック型で発信を蓄積していけるため、量が増えれば増えるほどその分野の情報を求め悩んでいる人に「専門家」として認識してもらうことが可能となります。個人が運営する上でブログほど手軽に元手なしで始められ、結果大きなものが得られる可能性をもったメディアは他にないでしょう。ローリスク・ハイリターンがブログなら実現できます。

### ✓ 目的を固めた上でブログ・SNSの活用を考えよう！

　個人のブランディングは軸足をブログに置いて、記事更新時の拡散やファン増加にSNSを活用するのが手堅いやり方です。見ている人の混乱を避けるため、プロフィール画像や文体などある程度の共通項は先に決めておきます。そしてあなたの高い価値を積み重ねられるように進めていきます。記事の内容だけでなく、あなた自身にも興味を持ってもらえるよう意識して運営していくことが大切です。やみくもに記事を書いていてもなかなか結果には結びつきません。目指すゴールを先に決め、逆算的に設計していくのがもっとも無駄のない方法です。

## ブログとSNSの違いとは

SNSは流れ去る
フロー型の発信

ブログは蓄積されていく
ストック型の発信

自由にブランディングしたかったら
ブログはWordPressで始めようね！
有料テーマを使ったら
好きにカスタマイズできて
簡単にきれいなブログが作れるよ！

● 副収入を得たいなら無料ブログはやめておこう
● 有料テーマは5000〜2万円が相場、使いやすさで選ぼう

## METHOD 3　現代は猛烈な情報氾濫時代？

### ✅ 1日5000もの広告を知らぬ間に目にしている？

江戸時代の人の一生分の情報は現代人の一日分なんて話があります。インターネット、特にスマホにより我々は大量の情報に常にさらされています。「数百年後の人々が我々の時代を振り返る時、歴史家の目にとまるのは技術やインターネットよりも人々の状態が大きく変わってしまった事実だろう。歴史上初めて大多数の人々が選択肢を持つことになったのである。ただし社会は未だそのような自体に対応できていない。」経営学者ピーター・ドラッガーの言葉です。多すぎる情報に対処する方法はなく、多くの人がただ享受しているのが現状です。

### ✅ 注目を集める手段は「独自コンテンツ」

価値観が多様化しヒット曲は生まれにくくなり、SNSで誰でも情報発信できるようになった現代では大衆を一方向に誘導する宣伝は難しくなりました。人はどの情報が自分にとって必要かさえわからなくなっています。そのなかで注目を集めるには、とにかく目を引き、楽しめて、オリジナル性の高いコンテンツが必要です。そんな「独自コンテンツ」を個人ブログで作成するためには文字やフリー写真だけでは他と差別化できません。手っ取り早い方法がビジュアルの強化、つまりあなたが描いた絵を使う【ブログ×絵×ブランディング】です。

# ふつうの発信は情報にのみこまれ消えていく

どこにでもあるような発信では他の情報に埋もれてしまう

目を引き、楽しめる独自コンテンツは注目を集める

- あなたの独自性を出して埋もれることを避けよう
- あなたが描いた絵で情報を目立たせると……どうなる？

# METHOD 4 独自コンテンツを自分自身で作れる人だけが生き残れる

## ☑「コンテンツ」とは結局何のこと？

　コンテンツという言葉は「内容」「中身」という意味ですが、本書ではブログなどのメディア(媒体)から発信されるコンテンツ(情報)と考えてください。文章だけではなく絵や動画などの全てを「コンテンツ」と呼びます。「独自コンテンツ」とはあなたならではの表現力で発信するコンテンツの総称を指しています。

## ☑先行き不透明な現代で力強く生き抜いていくために

　ブログでは独りよがりな発信は受け取ってもらえないので、検索という疑問に対して的確かつ読みやすく回答を伝える必要があります。スマホでの流し見を止めるためにも印象強いコンテンツが求められます。何よりまず「選ばれる」必要があるのです。そのために推奨するのが「あなた自身で描いた絵やキャラクターを使う」ことです。それにより「独自コンテンツ」化できます。現代は先の見えない時代です。生き残るにはあなたの価値を可能な限り高める必要があります。「あなただからこそ！」ということが重要で「セルフブランディング」にも直結します。情報発信においては「セルフブランディング」と「独自コンテンツ」はセットで考えましょう。その２つをつなぐ鍵が「絵」という表現手段です。気づいてやれている人が少ない今だからこそ、チャンスはまだまだあります。

## 絵をブログに活用して成果を出した例

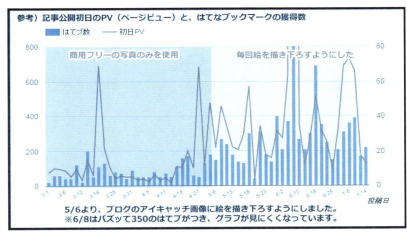

筆者のサイト【コンテアニメ工房】のPV数と「はてなブックマーク」数の推移。描き下ろしイラストを付ける前後で注目度に大きな違いが見られます。

フリー素材を使っていたころでは考えられないくらいのアクセス数になって絵の力を改めて実感した事例だ！

- 絵には人の目を惹きつける不思議な力がある
- 注目が集まるとその他の記事の検索上昇にもつながるぞ

# METHOD 5　あなただけの表現力で差別化、そしてその先の独自化へ

## ☑ ビジュアル面での差別化は案外カンタン！

　ブログにあなたが描いた絵やキャラクターを使うとどうなるのでしょう？　他の誰にもマネできない「独自コンテンツ」が生み出せるようになります。もちろん、ただ絵をつければいいというわけではありません。中身に興味を持ってもらうため、見た目・見せ方へのこだわりが重要です。逆に言えば、そこまで気を使わないと情報が氾濫した現代では目立つことは難しいのです。文章だけで他のブログと差をつけるのは難しい部分もありますが、オリジナル絵の活用はただそれだけでビジュアル面で大きな差をつけられるようになります。

## ☑ 「独自化」してブルーオーシャンを目指そう

　ビジネスにおいては「差別化」ができると理想の客層を集め、商品・サービスの値下げ競争から抜け出すことができます。同様にブログも「差別化」が果たせればアクセスアップにつなげやすくなります。さらにその先にはブランド化したあなたならではの「独自化」というブルーオーシャンも待っています。そこまでたどり着ければもう集客に困ることもなく、発信する情報は多くの人気を集められるようになるでしょう。そのためにも絵のような、あなた独自の魅力を発揮できる表現力を持つことが重要になっていくのです。

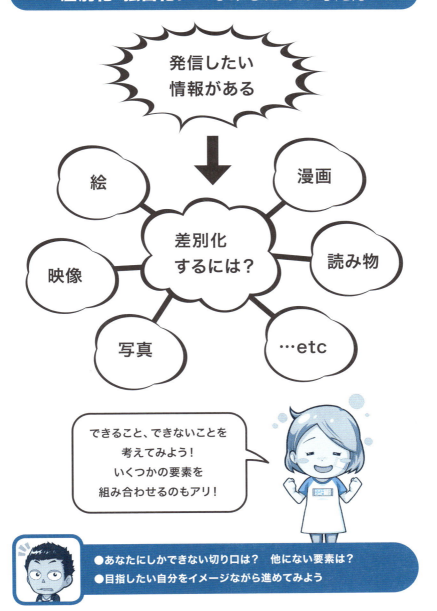

## METHOD 6　情報発信はエンタテインメントでなければならない

### ☑笑えなくてもいい、読み手の興味を引く発信を

　人に話を聞いて欲しい、ブログ記事を読んでほしい。そのためにはあなたの発信が面白くないとはじまりません。ウケるウケないではなく、読み手の興味を引いて楽しんでもらうこと、エンタテインメント性が重要です。ふだん見ているブログを思い出してください。何度も見るサイトは他と違う魅力があり面白いからではないでしょうか？　伝えたい情報は文字だけでなく、絵や動画なども利用して、楽しんでもらえる工夫を考えましょう。そうすれば今より多くの人に発信を見てもらえて、うち何割かには好きになってもらえるかもしれません。

### ☑絵は単純にインパクトがあり、即効力をもっている

　人気ブログは必ずどこかに「差別化」された特徴をもっています。運営者の際立ったキャラクター性、まとめ方の巧さ、飽きないデザイン性、心地よい言葉、心に刺さってくる文章。上手くやっている人の要素は積極的にマネしていきましょう。本書で「絵」という要素をおすすめするのもその一つです。筆者が自分のブログに絵を取り入れて確信したのは、絵はパッと目立って覚えられやすい、ビジュアルで圧倒的に強く即効性があるということです。絵が上手い下手ではなく、絵を使うか使わないかが大きな差につながっていくのです。

## 発信にエンタテインメントを加える方法

① 誰に発信を届けたいのか考える

② ペルソナを設定

③ ペルソナが情報を見たときのことを想像する

④ あなた自身が面白いと思う要素を取り入れられないか考える

- 狭いウケを狙うか、幅広い人気を獲得していくか？
- よくわからないうちは情報の網羅から攻めてみよう

## METHOD 7　文字だけのブログでは今後は難しくなっていく？

 ### 絵を活用したブログ運営の一例

　筆者は2015年8月に【コンテアニメ工房】というサイトでブログを始めました。オリジナル商品の販売が目的でしたがなかなか上向かず、半年後に方向性を大きく変え、長年仕事で携わってきた「絵」のジャンルへと切り替えました。SEO対策やブログの書き方なども学びつつ、1年後には月間28万PVを超える状態になりました。そこまでアクセスが行くと展開もしやすくなり、ブログを通じた色々な収益化も行えます。雑記ブログではなく「絵」をベースにした特化型ブログにしたことと、ブログのアイキャッチなどに積極的に絵を使い始めた点が他サイトとの「差別化」となり功を奏したかたちです。

 ### プラットフォーム次第で変わりゆく検索順位

　2017年末、Googleアルゴリズム変動で検索順位が大幅に動きました。医療・健康関連の検索キーワードでは上位に医療機関の公的なサイトばかり並び、一般ブログは下位へと追いやられました。人の命が関わる分野なので仕方ないですが、ブログやアフィリエイトサイトでPVに頼り切った運営をしているとこのような大きな動きで突然やられてしまうリスクがあります。プラットフォーム依存にはそんな怖さがあることをあらかじめ知っておきましょう。

## Googleの動きに左右されないブログとは？

何を発信するのか？

どうすれば届くのか？

困っている人の助けになるには？

アルゴリズムで変動するのは
ある程度仕方ないと考えよう！
問題なく運営してそうな人でも
実はアクセスが大きく減少している
ケースもあるから
気にしすぎないこと！

- Googleに合わせるのではなく本質的な記事を作成しよう
- 人の悩みを解決できる内容がおすすめ

## METHOD 8　文章だけでは届かない発信も絵の活用で届くようになる

### 情報発信は読んでもらうための配慮が欠かせない

　改行のないごちゃごちゃした文章では、どんないい情報でもなかなか読んでもらえません。読み手への気遣いが感じられないページは内容以前の問題なのです。ブログを多くの人に読んでもらうには「読んでもらうための配慮」が必要です。適切に改行する、目を休ませる意味でアイキャッチを入れる、文字だけでわかりにくい説明には図解を入れる。絵を活用するのもその一環であり、さらにブランディング効果までもつ有効な手段です。狙ってやっている人はまだ限られているので、先行できると非常に強い部分だといえます。

### 絵を使うことで読みやすくなる

　インターネットの黎明期は画像が使えず、テキストの羅列のみでした。当時は情報が得られればそれでよかったのですが、現在は読みやすい工夫が不可欠です。絵は写真以上に独自性を発揮しやすく、例えばアイキャッチを情報の中身と関連付ければ先を読みたくなる効果も得られます。会話アイコンを使えば漫画のような感覚で読んでもらうことができます。読んでもらうための工夫は、人の印象に残り好感を持たれます。あなたが過去に気に入った情報発信などを思い出して、良さそうなものは積極的にリスペクトしましょう。

# METHOD 9 読み手の想像力に任せず イメージの固定化をはかれ

## ✓ 小説と漫画のもたらすイメージの違い

　小説が映像化されるとキャスティングのイメージが違う、いや合ってると議論が起きます。漫画の映像化でも似たようなことは起こりますが、どちらかというと小説のほうが意見がばらつくのはなぜでしょう？ 漫画では既にキャラクターのビジュアルが固まっているため、それに似ているかどうかの基準のみで話が盛り上がるからです。対して小説は読んだ人の中で作られたイメージのせめぎあいになるので意見がまとまりにくくなります。小説が想像力に頼る媒体であり、漫画は想像する余地を減らす媒体と言うことができるでしょう。

## ✓ 「絵」の使いどころを見極めて使用しよう

　例えば新商品を発売する際、全て文章で紹介されていたらどうでしょう？ 気になってもイメージが浮かばないと買うまでに至らないはずです。そこで重要になるのが商品写真やイラスト図解です。想像に任せたいときは絵を使わず、逆に想像だけで足りないときは写真や絵を使ってあえて印象を固めて伝えましょう。つまり、イメージを固定化させたいときこそが絵を用いるタイミングです。こちらが意図する以外の印象を持ってほしくないときは、絵を活用することで読み手を理想の方向に導くことができるのです。

## イメージを固定化したいシーン

- ファッション
- 伝えたい理念
- 筆者のイメージ
- 道具の使用方法
- 新商品の説明
- 比較したときの違い
- 目立つ特徴

…などなど

文章だけでやろうとしないで写真や絵で固定したイメージを伝えたほうが理想の方向に導きやすいぞ！

- ●情報発信にブレが必要ないときは積極的に絵を使おう
- ●色々な想像を働かせてほしいなら文章のみで攻めるも良し

## METHOD 10 絶対的に画力が必要な事例もある

### ✅ 画力は気にせず絵を描いて使おう！　ただし……？

　本書では情報を読ませるための工夫として絵を「使う」ことこそ重要と考えているため、画力に関しては重きをおいていません。しかし残念ながらプロ的でない絵の存在が悪く作用してしまう分野も一部あります。

- 直接絵に関連する分野
- 威厳が必要な分野
- ふざけにくい分野

これらに関する情報発信を行うときには、他の分野よりも注意が必要です。

### ✅ 状況ごとに使い分けることが何より重要

　当然ながら絵に関連する仕事では、下手すぎると商品やサービスに説得力が伴いません。その他2つに関しては、中途半端な絵を使うことが逆効果になる可能性があります。例えば「政治」「医療」などまじめな話題のなかに素人っぽい雰囲気の絵があると内容の真実味に疑問を抱かせてしまう可能性があります。むしろ中途半端な絵を使うくらいなら商用フリー素材を使った方がよい分野とさえ言えます。奇抜さや個性が邪魔になる状況というのはどうしても存在します。そのような場合ではくれぐれもムリをしないことが大切です。

## 素人絵が裏目に出やすい分野の例

### 直接絵に関連する分野

絵やデザインの制作、
サービスなどのビジネスの場合、
素人くささ＝ただ下手なだけ
だと思われるかも？

### 威厳が必要な分野

イメージ重視の商品やサービスなど
1つの統一された雰囲気のなかに
イメージに合わない素人絵があると
違和感につながるかも？

### ふざけにくい分野

医療や政治など
まじめな話題の中に
いきなり素人絵が登場すると
内容の真実味に疑問を
抱かせてしまうかも？

「下手な絵があると逆に
うさんくさく見えて
しまうものも
世の中あるよね……」

- ●素人臭さがアダになることもあるので注意しよう
- ●判断つかないときは第三者の意見に耳を傾けよう

## METHOD 11

# セルフブランディングがもつ怖さ

「セルフブランディング」は現代の個人のビジネスやブログにおいて欠かせない要素です。あなた自身やあなたのコンテンツをブランド化できれば、やりたいことを思うがままにできるようになるでしょう。ただし一方で「セルフブランディング」は両刃の剣という一面も持っています。

### ①失敗したときに尾を引く可能性がある

顔出し本名でやっていた場合「セルフブランディング」の失敗は後々まで尾を引いてしまいます。ネット上で一度マイナスイメージが付いてしてしまうと払拭するのは大変です。最近の炎上騒動をいくつか知っていれば想像もつくでしょう。匿名ならリセットできますが、そうでないなら逆に次は匿名でやるなどの転換が必要かもしれません。ただ、無茶苦茶なことさえしなければ過剰に恐れる必要はありません。

### ②実態より良く見せすぎてガッカリされる

結構こちらのほうがありがちかもしれません。情報発信の段階で必要以上にブランドイメージが良くなりすぎたために読み手の期待値が上がり、実際に会った相手から「あれ？　こんなもん……？」と思われることは十分ありえる話です。そうならないためには、「大きく見せすぎない」「過剰に飾りすぎない」「できないことはできないと言う」の3つの姿勢を守りながら「セルフブランディング」を進めることが大切です。浮世離れしたセレブのようなキラキラブランディングをやりすぎて、現実と剥離したイメージを植え付けることは禁物です。

# 「絵」をあなた自身で描いて使うための心構え Part 2

# METHOD 12 うまく使えている人はまだまだ少ない「絵」の持つ力

 **「絵」を描いて使うための参入障壁**

絵を情報発信に使うと良いということは元々なんとなく感じていたことかもしれません。文章だけより絵や写真があったほうが、ふつうに考えて見やすく、とっつきやすい印象を受けますしね。大切なのはそれを戦略的に行うことです。絵があるとわかりやすい、読んでもらいやすい、だから自分もやってみよう……と発想を展開させて実際に自分で絵を描いて使う人が果たして世の中にどれほどいるでしょう？ 筆者のように絵を描く仕事をしてきた人はごく当たり前に使いますが、そうでない人が描いて使うには一定のハードルを感じることでしょう。でも、だからこそ狙い目なのです。

 **あなた自身で積極的に「絵」を描いて使おう！**

ブログをある程度見るならご存じでしょうが、絵を発信に取り入れているブログはたくさんあります。でもいわゆる商用フリーイラストを使っているだけでは「差別化」や「独自化」、ましてや「ブランディング」には絶対なりません。誰にでも使える素材では、他との違いは生まれないのです。逆に、最も簡単な違いの出し方が、他の誰にも描けないあなた自身で描いた絵を使う手段です。絵を意図的に使えるかどうかはその後の成果の差にもつながっていきます。

## フリー素材とオリジナル絵のメリット・デメリット

|  | メリット | デメリット |
|---|---|---|
| 商用フリーイラスト素材 | ・使用が簡単で楽<br>・クオリティ的に安心<br>・タダで使える | ・ありふれている<br>・ブランディングに不向き<br>・手抜きに見られる |
| オリジナルイラスト | ・他の誰にも描けない<br>・ブランディング向き<br>・タダで使える | ・最低限の知識が必要<br>・初期費用がかかる<br>　（パソコン、タブレットなど）<br>・描く時間がかかる |

自分で描いた絵を
ブログに使っていると
それだけで目立てるんだ！

●フリー素材が便利な場合もあるのでうまく使い分けよう
●オリジナル絵を描きためれば自分だけの素材にできるぞ

**METHOD 13**

# 絵を描いて使えば今よりもっとあなたの個性を発信できる

## ✓ 絵は2つとして同じものはない

　絵という表現はオリジナリティにあふれています。世の中の漫画を見ても2つとして同じ作品はありません。100人が描けば、多少似た要素はあっても100人分の表現に分かれます。あなたの個性は絵を描くだけである程度発揮できるのです。逆に文字や写真だけで絵ほどの個性を伝えることは至難のわざです。「セルフブランディング」を目指しブログを使って発信を行うなら、あなたに有利な方向を選択しましょう。絵の描き方・使い方がわかればその一歩を踏み出せます。

## ✓ 検索で上位表示されないと読んでもらえない

　ブログを活用した情報発信は、現在日本だけでも数千万人が行っていると言われます。最近はGoogleアルゴリズムが精度を上げたこともあり、よほどしっかりした内容でかつ独自コンテンツでないと上位表示されにくくなってきています。今後ますますその傾向は強くなるでしょう。キーワードによる検索結果で上位に表示されない限り、あなたのブログ記事は誰にも読んでもらえません。それでは発信する意味がありません。あなたの情報を必要とする人に届けるには工夫が必要です。読みやすい文章やきれいなデザインも大切ですが、あなたの個性を絵で発揮し、「独自コンテンツ」にして優位に進めていきましょう。

## 「絵」はそのままあなたの個性につながっていく

### ●文章と写真の場合

パッと見で個性を出すには厳しい面がある

### ●絵の場合

下手でも上手でも、
見た目そのままが個性として伝わる

- 下手なら下手なりの個性を打ち出してみよう
- うますぎるとかえってフリー素材に見られる懸念も…？

## METHOD 14 　子どもの頃になぜ絵を描きたいと思ったか そしてなぜ多くの人がやめたのか？

### ☑ 子どものころに誰しもぶつかる分岐点

　子どもの頃には遊びでお絵かきを楽しんでいたでしょう。でも年齢が上がるにつれて描き続ける子と離れる子に分かれます。ある調査によると「描いた絵をけなされた」「描いた絵を褒められたことがない」ことが絵をやめた大きな原因だったそうです。続けた人は同じ年頃の中で上手い方だったためにそのような事態を経験しなかったのでしょう。子どもの頃にたまたま接した相手の影響で絵をやめてしまう状況というのはなんとも悲しい話です。

### ☑ 天才は存在するが、絵を「使う」場合はさておこう

　絵というのはたしかに感性や経験が大きく左右する表現です。遺伝の要素も一部あると言われています。筆者も絵を描く仕事をしてましたが「何度生まれ変わってやり直してもこの人みたいにはなれないな……」と思わされる天才レベルの人が、どの職場にも必ずいました。上手い人は才能の上に努力するので始末におえません。でもブログで使うための絵を描く分には関係のない話です。プロになるわけではないので才能や技術はそこまで気にする必要はありません。アナログで描くラクガキができれば十分です。楽しみながらあなたをブランド化していける手法だと、気楽に考えましょう。

## 絵を描いて使うと得しそうな人

- 絵を描くのが別に嫌いじゃない
- アナログでラクガキ程度はできる
- 絵に少しでも興味がある
- 発信したい意志がある
- ブログをやってみたい（やっている）
- オリジナリティを出したい
- 自分を覚えてもらいたい
- 売りたい商品・サービスがある
- デジタルで絵を描いてみたい

1つでも当てはまるなら試してみる価値があるかも？

- どうしても絵が駄目なら他に合う表現を探そう
- ブログ記事内の絵のレベルは高くなくたってOK

## METHOD 15 プロだってみんな最初は下手だった……?

### 画力の高い人ほど鍛錬を怠らない事実

　絵の仕事の現場にはさまざまなレベルの人がいます。天才的な人もいれば、「このレベルで絵の仕事？」なんて人もいます。筆者自身、最初に会社に入ったときは業界未経験だったので苦労しました。上手い人を間近で見ていると気付かされることが多くありますが、特に印象に残ってるのはレベルの高い人ほど勉強にどん欲だということです。ちょっとしたことでも資料を確認し、決して今の画力に甘んじることなく進化し続けようとしています。残念ながら筆者は平々凡々とした絵描きだったので、そんな人達の姿は非常に眩しく映ったものでした。

### 画力の上達よりも効率よく使うことに意識を持とう

　とは言え、そういう人も最初からものすごく絵が上手かったわけではありません。才能があったにせよ、そこにあぐらをかかず成長のために努力したからこそたどり着けた境地です。そんな才能のない我々はそもそも人より頑張らないことにはどうにもなりません。でもプロになり絵で食べていくわけではなく、あくまで絵を使うことに意識を持つならば、そこまでしなくても大丈夫です。効率よく描いて使う方法だけをマスターすればいいのです。本書の目的は絵の上達ではなく「ブログで情報発信するために絵という手段を使う」ことなのです。

## 上手い人がさらに上手くなっていくワケ

**START**
- そもそも絵の才能のカケラがあった
- 同級生より上手いからがんばる
- 継続でどんどん差がついていく
- 満足せずさらに上手くなろうとする
- 他の作家や絵に敬意を払い吸収する
- 傲慢にならず今の流行りを追う

**GOAL**
- エンドレスで上手くなる

- 純粋に画力を上げたい時はデッサンや模写からやろう
- 最初は上手い人や好きな絵を真似することからはじめよう

## METHOD 16 「絵」を戦略的に活用する方法

 ### 絵の力を最大限に使っていこう

　大事なのは絵が上手い下手ではなく、絵の力を情報発信に活用するかどうかです。実際に上手く使っているブログはまだ少なく、プロでも単純に作品を掲載しているだけのケースがほとんどです。「ブランディング」を意識して絵を活用している人は想像以上に少ないのが現状です。であればあなたの発信したい情報に絵を添えていくだけでも、他の人との差別化は果たせます。技術云々ではなく、やるかやらないかの違いが最も大きいことをまずは知っておきましょう。

 ### 絵の活用は読み手への「配慮」の気持ちから始まる

　気になる内容があったときにただ文章が羅列されているのと、絵や写真で見やすく装飾されているのとではその先を読み進めるモチベーションが大きく変わります。絵を情報発信に使うというのは戦略的にそれを行っていくということです。適度に絵を挟むことで内容をわかりやすく伝えていきましょう。そして先を読みたくなるような興味を感じさせてあげましょう。絵の使用により、読み手の関心を最後まで維持できればあなたの勝利です。オリジナル絵の表現には、上手い下手に関わらず興味を引きつけられる力が備わっています。自由に使えるようになって読み手の意識を操縦できるようになりましょう。

## 絵を情報発信で活かすための第一歩

### キャラクター

あなたのサイトにしかないもの、
他のサイトにはないものを
キャラクターを使って
伝えていこう

### 図解の説明

難解なものでも
絵を使うことで
一気にわかりやすくできる

### アイキャッチ

文字だけの情報では
どれだけいいことが書いてあっても
読み手は疲れてしまう！
疲れたら情報は頭に入らない！
疲れず、読みやすくなる環境を
絵によって作ってあげよう

### にぎやかし

先を読み進めたくなるような
雰囲気作りを、
オリジナルの絵やキャラクターで
構築してあげよう

どんなところにでも
絵の要素は加えられるぞ！
一手間かけることで
読み手の意識は
全く変わってくるんだ！

- 見てくれた人に強く印象づけて覚えてもらうことが重要
- 絵は発信したい情報を引き立たせる要素と考えよう

## METHOD 17 絵を描いて使いたいと思っている人は増えてきている？

### ✓ ブログより近距離で知識が得られるメルマガの存在

筆者のブログサイト【コンテアニメ工房】ではメルマガでも絵の描き方・ノウハウをお届けしています。運営開始から約2年半で、メルマガ登録いただいた読者様は1000人を超えました。それだけ多くの人が自分で絵を描いて使いたいと思っているわけです。絵の表現力は人の数だけ幅があります。他の誰にもマネできないオリジナリティを使いたい人がここまで増えている中で、やらないでいることはあまりにもったいない話です。

### ✓ デジタルで絵を描くハードルは下がってきた

もちろん、絵がキライだったりテレビでネタにされる画伯レベルでは厳しいでしょう。でも人並みのラクガキができるなら、きっとあなたも絵を描いて使えるようになります。そしてこれから絵を使っていくのであれば、アナログではなくデジタルでやりましょう。パソコン・ペンタブ・お絵かき用のペイントソフトを基本とし、今はタブレットやアプリなどさまざまな道具があります。デジタルで絵を描く行為は昔はハードルが高く思われていましたが、今では中学生でも始められる環境が整っています。PART4からは実際にデジタルで絵を描くことについて詳しく触れていくので、無理せず一歩ずつ始めていってください。

## 絵を描いて使いたい人はこれだけ多い！

多い時は
1日10人近くもの人が
コンテアニメ工房の
無料メルマガに
登録してくれてるよ♪

●メルマガにご登録いただいた方からのメール（一部抜粋）

デジタルお絵描きやってみました！　面白いです(*^^*)
レイヤーの使い方、とても参考になりました！
初めてのデジタル作品が出来て単純に嬉しいです。
先生のように一目で惹き付ける絵を描くにはどうしたら良いかと思案中！

橋本さま、メルマガありがとうございました！
また機会があったら、自分のイラスト見ていただけると嬉しいです。
今後ともよろしくお願いしますー

- 絵を描く人のブログで気になる人を見つけよう
- SNSでも積極的にフォローして情報収集しよう

51

## METHOD 18

# Google検索1位表示された「考えながら描く」ということ

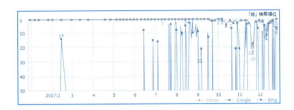

　【コンテアニメ工房】のブログ記事の1つに、「絵」の単独キーワードで2016年10月から約1年間Google検索1位に表示され続けた記事があります。「絵やイラストが上手くなる方法を現役アートディレクターが伝授！」（https://conte-anime.jp/draw/training）というもので、今でも「絵　上手くなる」で上位3位くらいに掲載されています。

　内容は初心者が絵が上手くなるために必要なことを書いたものですが、特に重要として伝えているのが「考えながら描く」ということです。絵は、漠然と描いたり模写しているだけではなかなか成長につながりません。大事なのは描くときに絵の構造やその裏にある理屈を想像しながら描くことです。例えば作家ごとに指の描き方や筋肉の付け方には違いがあります。同じものを描いてるのにバラバラになるのは、個性もですが作家ごとの理屈付けが存在するからです。

　絵が難しいと悩むときには、簡略化したり細かくバラしてみることで解決することもあります。それもせずただ難しい、面倒くさいと言っていてもなかなか上達しません。ぜひ絵の裏側にどんなルールが存在しているかイメージしながら描いてみてください。理由がわかると絵は描きやすくなるものです。一度理解できたことは何度やっても上手くできるでしょう。そんな部分を増やしていけば絵に対する苦手意識も徐々に消えていきます。

　そして何よりも、楽しく描きましょう。ノルマやタスクになると長続きしません。ふだんの仕事の合間の気分転換のような形で、リラックスできる時間として楽しんで絵に取り組んでみてくださいね。

# Part 3
## まずこれだけ知っておこう
## デジタルで絵を描く
## ～機材・準備編～

## METHOD 19 デジタル作画のすすめ

### ✓ アナログではなくデジタルで絵を描こう

　これからあなたが絵を描いてブログなどで使っていくのであれば、パソコンやペンタブを使って描く「デジタル」で始めましょう。「なんだか難しそう……」と思うかもしれませんが大丈夫です。筆者が初めてペンタブを握ったのは30歳を過ぎてからでした。実際、60歳を超えた方からペンタブでの描き方の相談をいただくこともあります。何歳でも始めるのに遅すぎるなんてことはありません。最初は感覚に戸惑うかもしれませんが、一度慣れてしまえば鉛筆と同じような「文房具」としてペンタブを使いこなせるようになります。

### ✓ 絵のプロを目指さないなら必要な部分だけを学ぼう

　「絵の上達」ではなく「ブログやビジネスに絵を使う」ことが目的であれば、デジタルで絵を描く練習は本業に支障のでない範囲でやるべきです。PART4〜5では絵を描くために必要最低限の知識をまとめていますので、まずはそれだけを覚えてください。PART6〜7では効率化や悩みの解消法をまとめています。最初はとっつきにくい操作もありますが、必要なことだけを理解し覚えればその後は好きなように描いていけます。余計な知識は不要です。独学で悩まずに一緒にじっくり進めていきましょう。

## デジタルで絵を描くメリット

デジタル

いろいろなペンや色塗りツールがクリック1つで使える

手が汚れない、ゴミが出ない

タブレットなら寝っ転がって絵が描ける

そのままブログやSNSに投稿できる

アナログ

たくさんの画材を買い揃える必要がある

手が汚れる、消しカスや紙ゴミなどが出る

絵を描くスペースを確保する必要がある

ブログやSNSに投稿するにはデジタル化する必要がある

- 最初は大変だけどデジタルのメリットは大きいぞ
- 基本がわかれば応用もできるようになる？

# METHOD 20 デジタルならあなたの絵は今より上手く見せられる

## ✅ デジタルは失敗しても何度でもやり直せる

　アナログでのラクガキができれば、デジタルで絵を描くことは可能です。そして多くの場合、アナログよりも上手く見せられるようになります。画力が上がるのではなく、バランスが取れたり調整がしやすくなるからです。デジタルには「レイヤー」という概念があり、線や色をレイヤーで分けておけば後から細かく修正できます。いつでも直せるということは描いている段階で緊張しすぎる必要がないということです。アナログのペン入れの場合は、失敗してホワイトで修正するのはとても面倒ですが、デジタルならたいしたことありません。

## ✅ ブログで使う絵は難しいことをしなくても大丈夫

　デジタル作画ではちょっとした効果を付け加えることで見た目の印象を大きく変えることもできます。絵の上達を目指すならソフトのさまざまな機能を使いこなす努力は欠かせません。でもほどほどでいい……特にブログで使う絵なら、描くための筋道さえ知って経験を重ねればすぐに使用に耐えるレベルになれます。試しに絵のブログをいくつか見てみてください。よく見るとそこまで複雑なことはしていません。でも絵があることの効果は大きいと感じるはずです。あなた自身でそうできることを楽しみに頑張っていきましょう。

## アナログよりデジタル絵が上手く見える理由

### ●絵

バランスをあとから調整できる

### ●線

均一な線が描けて強弱もつけやすい

### ●色

色選びが簡単で塗りムラがでない

### ●効果

オーバーレイや乗算などの効果が使える

- 後からいくらでもやり直せるから気楽に描こう
- ものすごく上手い絵を描きたいなら努力は必須だ

## METHOD 21 デジタル作画を始めるメリットとデメリット

### ✅ デジタルデータならではの利点

　デジタルは後から何度でも修正できるため、絵を描くときに萎縮する必要がありません。変に気負わずのびのびと描いていきましょう。また一度描いた絵の表情だけ描き換えたり、他の素材と組み合わせたりしてさまざまに使い回すことができます。また、昔に描いた絵でも元データがあれば劣化していない状態で描き直しも行えます。さらにデジタル絵はデータとしてやりとりができるので、他の人と共有して使ったり、人からもらって加筆修正したりすることもできます。

### ✅ デジタル作画のデメリットとは

　デジタルで絵を描き始めるためには道具を買い揃える必要があるため（後述する「デジ絵3種の神器」は必須）、初期費用がかかります。また、個人差もありますがデジタル特有の操作に慣れるまでにはある程度時間がかかり、練習も必要です。残念ながらこの「準備」「練習」の段階でやめてしまう人が一定数いるのも事実です。でもそこで投げ出さず、少しずつでも前進できればあなたの描いた絵を使う舞台には必ずたどり着けます。思っているよりもハードルは高くありません。投げ出す人が多ければ多いほどあなたに有利になると、いっそ逆説的にとらえてみるのもいいでしょう。

## デジタル絵だからできるあれこれ

絵の後ろに写真を組み込める

絵の上に文字やロゴを載せられる

エフェクトやフィルタなど
さまざまな効果を加えられる

表情や手だけ描き替えて
使いまわしできる

……などなど！

- 気楽に描けるという心理的ハードルの低さはありがたい
- 一度描いた絵は使い回しできる財産になるぞ

## METHOD 22
# デジ絵はアナログより むしろ簡単だという事実

## 「デジ絵」がアナログより簡単である理由

　デジタルで描いた絵を略して「デジ絵」と呼びます。デジ絵はアナログで絵を描くよりもむしろ簡単な場合も多々あります。その1つは描き直しが容易なことです。失敗してもすぐに修正できるという緊張感の軽減は描く上での心理的ハードルを大きく下げてくれます。色塗りがワンクリックだったり下描きの消しゴムがけが不要などの他に、簡単になる一番の理由は「拡大・縮小・回転・変形」の存在です。アナログでは絶対にできないことです。

## アナログでは絶対できない「拡大・縮小・回転・変形」

　顔が大きくなってしまったら顔だけ選択し「縮小」する、逆の場合は「拡大」する、腕の角度がおかしかったら「回転」して整える、体が太くなったら横幅を「変形」で縮め、逆に細かったら太くする……。デジ絵ではそれらが簡単に行えます。アナログでは絶対にできないバランス調整ができるので、慣れてしまえば実際の画力以上に絵をより良く見せることができです。もちろん本当に上手い絵に近づけていくためにはデッサンの基礎知識も必要ですが、ちょっとしたことならいくらでも自由に調整できます。「拡大・縮小・回転・変形」のすごさに気づけば、アナログにはもう戻りたくなくなるはずですよ。

## デジ絵でどうやってバランスをとるのか？

- 体型や等身さえも簡単に変更できるぞ
- 本来は完成した絵じゃなくラフ段階で調整しよう

## METHOD 23 デジ絵3種の神器

 **「デジ絵3種の神器」とは？**

　PCやスマホ、タブレットが身近になった現在、デジタルで絵を描くと言っても、さまざまな方法があります。その中でも基本の形態として今もプロの仕事におけるメインになっているのが「デジ絵3種の神器」──パソコン、ペンタブ、ペイントソフト──を使った描き方です。最初にこの「デジ絵3種の神器」を使う方法を知っておけば、いずれ他の描き方に進むときもデジタル作画の概念が理解できているのでスムーズに移行することができます。

 **デジタル理解の入口として最適なツール**

　絵を描く目的が絵の上達そのものではなく、ブログやビジネスに活用することであれば、効率を重視すべきです。時間をかけてきれいな絵を描いても狙った成果につながらないと意味がありません。そのためにも最初は「デジ絵3種の神器」から始めることをおすすめします。一通り慣れたあとに、必要に応じてタブレットやアプリなどもトライしてみるとよいでしょう。実は現代のデジ絵事情はかなり幅が広がってきています。道具はあくまでも道具なので、あなたが使いやすいものなら何でもかまいません。でもその前に基本を知るという意味で「デジ絵3種の神器」の理解から入ることを推奨します。

## デジ絵3種の神器と新勢力

### 3種の神器

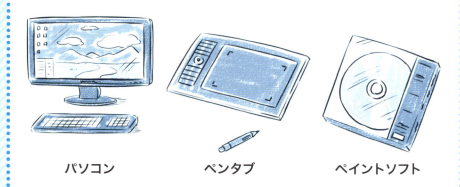

パソコン　　　ペンタブ　　　ペイントソフト

### 新勢力

タブレット

無料アプリ

- 予算や目的に合ったものを選ぼう
- 3種の神器を使えばデジタル作画の基本が理解できるぞ

## METHOD 24 デジ絵3種の神器❶「パソコン」

### ✓ できれば新しくてスペックの高いパソコンが理想

パソコンは性能がそのまま絵の描きやすさやストレスフリーに直結します。新規購入する場合は、絵を描く上で十分なスペックであるかを確認して買うようにしましょう。手元にあるパソコンを使う場合も、足りない要素があればそこを補えないかまずは確認してみてください。

### ✓ 描きたい絵によって変わってくるPCスペック

どのような絵を描きたいかによっても必要なスペックは変わってきます。「SNSアイコンやブログのアイキャッチ画像程度の密度のイラスト」なら、ここ数年以内に発売されたノートPCで十分です。しかし「pixivに出したりスマホゲームのカードイラスト風に描き込んだ絵」や「漫画や印刷用の巨大なイラスト」を描きたいとなると、ノートPCでは厳しくなります。スペックの問題もありますが、ノートPCの画面サイズでは小さすぎて作業がしづらいため、効率が著しく落ちてしまうからです。スペックに関するポイントは右ページの表を参考にしてください。予算の許す限りスペックは高く画面サイズも大きいほうが望ましいです。さらにノートよりもデスクトップのほうがのちのち機能を拡張したいときにもスムーズに行えます。

## 絵を描くパソコンで気にする5ポイント

**モニター**
できるだけ大きいものが楽。
小さいと何度も表示の拡大縮小を
繰り返す羽目になって効率が悪い！

**CPU**
intelなら「Core i5」以上が
現在のお絵かきの基準！

**メモリ**
最低4GB、できれば8GB、
余裕あれば16GBと考えよう！
数が多ければ多いほど正義だ！

**グラフィックボード**
とりあえずなくてもいいけど、
あったらあったでいいものだ！

**ストレージ**
ハードディスクの容量で困ることは
最近はあまりないけど、SSDを使って
より処理速度を上げるのもあり！

- モニター含めて15万円を基準予算にして考えるといいかも
- ピンキリなのでまずはあなたの条件を明確にしておこう

# METHOD 25　デジ絵3種の神器❷「ペンタブ」

## ✓ペンタブとは？

　ペンタブとは、デジタルで絵を描くためのペンとノートのような道具です。使いはじめて慣れるまではアナログとの感覚の違いに苦労もあるでしょう。でも一度慣れてしまえば鉛筆などの筆記用具と同じく自由に使いこなせます。買う際はワコム社の商品を選べばいいでしょう。初心者・アマチュア用で7000〜1万円、プロのイラストレーターや絵の仕事をしている人が使うものだと3万5000円〜くらいです。筆圧の読み取り感知機能などに差がありますが、プロを目指すわけでなければ、7000〜1万円程度のもので問題ありません。

## ✓サイズを気にして購入しよう！

　ペンタブを買うときに気にしてほしいのが3種のサイズです。ペンタブ自体のサイズ、絵を描く際の作業領域のサイズ、そしてパソコンの液晶画面のサイズです。作業領域はデスク上にスペースを確保できればいいだけですが、ペンタブとパソコン画面のサイズは重要です。基本的にペンタブで描く範囲は画面に対して1：1で反映されます。そのため画面が大きいのにペンタブが小さいと、描きにくくなってしまいます。右ページの表も参考に、あなたの環境にあったペンタブを購入してください。

## ペンタブサイズの目安

| モニターサイズ | おすすめのペンタブサイズ |
| --- | --- |
| 15インチ以下 | S |
| 16〜24インチ | M |
| 25インチ以上 | L |

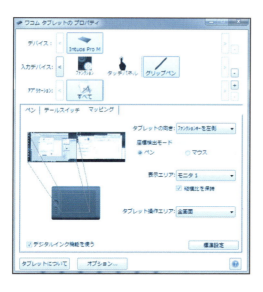

ワコムタブレットのプロパティの画面では描く範囲を指定できるぞ！

● モニターサイズに合ったペンタブを選ぼう
● ペンタブのドライバの不具合が起こったらまずは再起動しよう

# METHOD 26 デジ絵3種の神器❸「ペイントソフト」

## ☑ 本気でやるなら有料&優良ソフトを選ぼう！

　パソコンで絵を描くペイントソフトは、有料無料含め多数あります。なんとなくさわりたいだけなら無料ソフトでもいいですが、絵をブログやビジネスに使っていきたいなら有料ソフトの購入をおすすめします。安かろう悪かろうで始めて、それがデジタルのすべてと思いやめてしまうのはもったいない話です。本気でやるなら必ず有料&優良のものを選んでください。本書ではセルシス社の「CLIP STUDIO」をおすすめします。多くのプロも愛用している人気ソフトのため、さまざまなノウハウやテクニックがネット上で多く公開されています。無料ソフトのような機能制限もありません。多くの機能を自由に使いこなせるようになればなるほど、コスパにも優れていることを実感できるはずです。

## ☑ 「CLIP STUDIO」

　「CLIP STUDIO」はプロアマ問わず人気のペイントソフトです。操作も複雑にならないよう工夫されています。イラストメインなら「PRO」、漫画やアニメまでやるなら上位版の「EX」を選びましょう。機能が豊富な分、最初は操作に悩むこともあるでしょう。「CLIP STUDIO」、通称「クリスタ」の基本操作に関してはPART4で詳しく解説しますのでじっくり理解してみてください。

## さまざまなペイント系ソフト

**CLIP STUDIO PAINT PRO ダウンロード版**

5,000円（税込）　※試用期間あり／セルシス

イラストメインで使う、また漫画機能がシンプルでいい場合におすすめ

**CLIP STUDIO PAINT EX ダウンロード版**

23,000円（税込）　※試用期間あり／セルシス

イラストだけでなく漫画も描きたい場合におすすめ。「ページ管理機能」は漫画を描くときに重宝するぞ

**SAI**

5,400円（税込）　※試用期間あり／SYSTEMAX

今でも多くのプロが愛用しているペイントソフトの草分け的存在。発売はクリスタより古いけど描き心地は抜群だ。でもフォント機能がなかったり、効果に弱いのがたまにキズ……

**Adobe Photoshop CC**

月額980円（税別）〜　※体験版あり。プランによって月額料金が異なる／アドビシステムズ

写真加工がメインのグラフィックソフト。絵を描くプロの世界では効果や仕上げに必須だけど、絵が仕事でないならとりあえずは必要ないかな？

- まずは体験版から始めてみよう
- 無料ソフトもいいものはあるので試してみる価値はあり

# METHOD 27 番外編❶ BTOパソコンも検討してみよう！

## ✓ 大手メーカーのパソコンもいいけれど…

「デジ絵3種の神器」のひとつパソコンは、スペックが高いほど絵を描く作業がスムーズに進められます。ただしスペックが上がれば上がるほど予算も比例して上がっていくのが常でもあります。大型電気店で有名メーカーの一体型PCを買うと、不要なソフトがたくさんついていてやたら高くついた……なんて経験もあるのではないでしょうか？　もしあなたが予算をおさえながらハイスペックのパソコンを買いたいなら「BTOパソコン」を検討してみましょう。

## ✓ BTOパソコンはあなたの好きにカスタマイズできる！

BTOパソコンとは「Build To Order」を略した言葉で「受注生産」という意味です。「自作PC」という言葉をご存じかもしれませんが、BTOはあなたの要望を伝えて店に自作してもらったパソコンを購入する形と考えてください。すべて自作はハードルが高いですが、接続の工程をすべて店側にやってもらうのでメーカー品を買うのと大差ありません。また予算次第でメモリを増やしたり、不要なソフトを外したりと自由にカスタマイズできるので、同スペックのパソコンを買うより安く済むことが多いです。パソコンが全くわからない場合はさすがに厳しいですが、最低限の知識があるならBTOの検討は有効です。

## たとえばドスパラでBTOを買うなら

http://www.dospara.co.jp/ にアクセス
「クリエイターパソコン」を選択

「マンガ・イラスト制作用」パソコンを選び、スペック詳細を見て、
「構成内容を変更する」画面から予算と希望に応じてカスタマイズ！

BTOを取り扱っているメーカーは
「ドスパラ」
「マウスコンピューター」
「パソコン工房」
とかがあるよ♪

- わからないことはお店やPCに詳しい人に聞こう
- 悩むのが面倒ならふつうに店で買ってもモチロンOK

## METHOD 28　番外編❷
## タブレットならどこでも絵が描ける

### ✅ タブレットとスタイラスペンを使うのもあり

「デジ絵3種の神器」を使ってデジタルで絵を描くスタイルは基本中の基本ですが、最近は他にも色々な方法で絵を描くことができるようになりました。iPadなどのタブレットとスタイラスペンで描くのもその一つです。どこにでも持ち運びできるので出先でスケッチをしたり、そのデータをクラウドに保存して続きは家のパソコンで描いたり……とデジ絵に対する時間も場所も手段も最近ではかなり自由になりつつあります。

### ✅ あなたの作業が画面の狭さに耐えられるかどうか？

たとえばブログのイラストだったりSNSに投稿する簡単な漫画程度であれば、タブレットと何らかのアプリを使えば十分可能です。リビングで家族と談笑しながらでもデジタルお絵かきができるのは、気楽に取り組めていいでしょう。ただしタブレットなので当然パソコンで描くより画面が小さくなります。本格的に描こうと思うとその狭さが気になることは多分にあります。慣れてくればくるほど、狭いがゆえの効率の悪さは重くのしかかってくることでしょう。あくまで使う基準としてはどこでも描ける点を重視するかどうかになるかもしれません。サブとして活用するにはきっと十分なポテンシャルを発揮してくれるはずです。

## タブレットで描くときに必要なものは？

**iPad Pro**
10.5インチ
69,800円（税別）〜／Apple

**raytrektab DG-D08IWP**
筆圧感知ペン付き8インチタブレット
49,800円（税込）／サードウェーブ

**Apple Pencil**
10,800円（税別）／Apple

> このあたりの商品を使えば全く問題なく作業できるはず！でも最初から高すぎるものを買う必要は全然ないぞ？

- 実際に店頭で試してから購入したほうが無難だ
- 予算とやりたいことの兼ね合いを気にして決めよう

**METHOD 29**

# 番外編❸ 無料ソフトやアプリもうまく利用しよう！

## ✓ 興味があれば無料アプリも軽く試してみよう

　ブログで絵を描いて使うには「デジ絵3種の神器」で基本を覚えるのが第一ですが、必要に応じてアプリを併用するのもいいでしょう。現在は数多くの無料アプリが存在しています。もし「デジタルに興味はあるけどやっていけるか自信がない……」というときはまず無料アプリから試してみましょう。ただし、多くの無料アプリは有料ソフトと比べ機能が少なく設定されているので、それがデジ絵の全てと思いこむことだけはやめてください。

## ✓ 万全に買い揃えて始めすぎるのも危険な部分はある？

　アプリはアプリごとに特性があり、得手不得手があります。複数のアプリを組み合わせることで有料ソフト並みの使い方ができる場合もあります。しかし、組み合わせて使うくらいなら最初から有料ソフトを使ったほうが楽なのも事実です。2017年末にはアプリ版「クリスタ」も登場しました。これを使えば漫画さえタブレットで描けてしまうスグレモノです。ポテンシャルを最大限に引き出すには「iPad Pro」と「Apple Pencil」という初期投資が必要ですが、使いこなせればそれだけの価値はあるでしょう。ただいきなりすべてを買い揃えてしまうと挫折したときつらいので、くれぐれもムリはしないようにしましょう。

## おすすめのペイントアプリ

CLIP STUDIO PAINT EX for iPad

クリスタのアプリ版、月額980円。
クリスタをそのままアプリにした感じで使用可能

メディバンペイント

完全無料のアプリ。初心者には申し分のない出来。
週刊少年ジャンプと提携した漫画用アプリもある

ibisペイント

無料と有料版があるアプリ、若者の人気が高い。
公式サイトにコミュニティやランキングも豊富

【コンテアニメ工房】にも
アプリの特集記事があるから
気になったらチェックしてね♪

●口コミも見て使いやすそうなやつを試してみよう
●不便に感じたらサクッと他に切り替えよう

## METHOD 30 デスク周りの環境づくりも意識しよう

###  あなたのデスク周りはどんな感じになってる?

　いざ道具を買い揃え、さあデジタルで絵を描くぞ!　と思っても、ちょっと待ってください。描くための場所は用意できましたか?　デスクの上にどんな配置で道具を置いていますか?　描きにくい体勢でやっているとストレスが溜まって、描くことを楽しむことができなくなってしまうかもしれません。実際に絵を描く人がどんな描き方をしているかをまず知って、それを参考にあなたのデスク周りの環境を整えていきましょう。

###  「デジ絵3種の神器」の配置にも気を配ろう!

　右ページの写真は筆者の作業場です。絵を描くことを仕事にしている多くの人は効率重視で複数のモニターを並べています。片方のモニターにペイントソフトを表示し、もう片方には資料を表示しています。描く画面に資料も表示していると作業領域が狭くなり、キャンバス表示を拡大縮小させる頻度が上がってしまいます。また、モニター・キーボード・ペンタブの並べ方も大事です。やたら不自然な配置にして描きにくい状況になっては意味がありません。慣れるとパソコンのキーボード操作も「ショートカット」で行うようになるので、ぜひストレスの溜まらない最適なレイアウトを作っていってください。

## 机周りと3種の神器の配置について

一般的にはこんな並び方になるぞ！キーボードは操作しやすいようにずらして配置するのもあり！

- キーボードは利き手と反対側で使うことになるぞ
- あなたの描きやすいベストな配置を模索し続けよう

## METHOD 31　デジタルで絵を描く基本姿勢を覚えよう

### ☑ 描き始める前に姿勢も確認しておこう！

　ペイントソフトをインストールして、ペンタブを接続し、ドライバを入れて、デスクの上で奥からモニター、キーボード、ペンタブと置けば、いよいよデジタル絵を描く準備が整いました。あとは描き方を覚えていくだけですが、絵を描く際の基本姿勢というものも確認しておきましょう。右ページの写真は、筆者主催の「デジ絵ワークショップ」の実際のようすです。パソコンを持参していただいてデジタルでの絵の描き方を直接レクチャーさせていただいています。

### ☑ ペンタブを持っていない手はキーボード上がベスト

　ワークショップにご参加いただいた皆様はまだデジ絵初心者ですので、多くの方がペンタブを握っていない手（利き手でない手）は思い思いの場所に置かれています。しかし絵を描く際は効率よく進めるためにショートカットを多く使うため、ペンタブを持ってない手は常にキーボードの上に置いておくのがベストです。もちろん最初はできなくて構いませんが、少し慣れたら効率よく絵を描いていくためにも意識して使うようにしましょう。モニター、キーボード、ペンタブはキーボード上に手を置いてみて作業しやすい配置に、姿勢はその際に無理のない状態になることが理想です。

## あなたはどんな姿勢で絵を描いていく?

【コンテアニメ工房】主催
【デジ絵ワークショップ】より

デジタル絵を描くなら
ショートカットは必須だよ！
その前提で機材の配置や
姿勢を調整してみよう♪

- モニター、キーボード、ペンタブの配置はとことんこだわろう
- 無理な姿勢でやると疲れるしストレスがたまるぞ

## METHOD 32 板タブと液タブの違い

### ✓ ペンタブレットは2種類ある

　一般的にペンタブには2種類あります。比較的安価な商品の多い「板状タブレット（板タブ）」と、高価なものが多い「液晶タブレット（液タブ）」です。板タブは手元のタブレットに描いたものがモニターに映し出されるため、まずはその感覚に慣れる必要があります。一方、液タブは画面に直接描くため、最初から割とアナログに近い感覚で描くことができます。なお、本書では便宜上「ペンタブ＝板タブ」として話を進めさせていただいています。

### ✓ 板タブと液タブ、あなたに合うのはどっち？

　前ページで紹介した「デジ絵ワークショップ」にご参加いただいた方の中には、大ベテランの漫画家さんもいらっしゃいました。長年、アナログの漫画の第一線でご活躍されてきたけど、今後を見すえてデジタルに移行したい、けど独学でやっても理解が進まないので一度人に習ってみたかった、というのがご参加の理由でした。この方のようにアナログでバリバリ描いた経験のある方は、アナログに近い感覚で使える液タブで始めるほうがスムーズかもしれません。あなたの状況と予算、目的などに照らし合わせて選ぶようにしてください。どちらも操作に慣れてしまえば最終的には鉛筆と変わらず扱えるようになります。

## 板タブと液タブ、それぞれの特徴

板タブ

**Wacom Intuos Small ベーシック**
CTL-4100/K0 [ブラック]

**Intuos Pro Medium**
PTH-660/K0 [ブラック]

液タブ

**Wacom Cintiq Pro 13**
DTH-1320/K0

**Wacom MobileStudio Pro 13**
DTH-W1320H/K0

|  | 板タブ | 液タブ |
| --- | --- | --- |
| 価格 | 基本的に安価<br>（6500〜3万5000円が相場） | 基本的に高価<br>（7万〜30万円が相場） |
| 描き心地 | 手元のタブレットに描いたものがモニターに映し出されるため感覚に慣れる必要がある | 画面に直接描き込むためアナログ感覚に近い |

- デジタル初心者はまず手頃な板タブから始めよう
- 操作に慣れるまでは苦労もあるけど必ず慣れるから大丈夫

81

# METHOD 33 絵を描く基本の流れについて

## ☑「ラフ」→「線画」→「着色」と覚えよう

絵を描く時には、基本の流れがあります。❶ラフ（下描き）→❷線画（ペン入れ）→❸着色です。プロでもいきなりペンで描いているわけではないので、まずはこの基本の流れを知っておきましょう。実際には、このあとに仕上げ、画像書き出しなどの工程もありますが、基本的にはこの3工程で絵を描いていきます（「厚塗り」など特殊な塗り方の場合は、線画の工程がない場合もあります）。

## ☑デジタルの利点を活かしながら描いていこう

ソフトを起動して「新規キャンバス」を作成したらラフを描いていきます。配置や構図も考えながら、頭の中にあるイメージをどんどん画面に落とし込んでいきましょう。デジ絵には「拡大・縮小・回転・変形」という利点があります。バランスが微妙におかしくなったら変えたい範囲を選択して調整することが可能です。ラフができたら線画に進みます。基本的にはラフをなぞりながらきれいな線で整える作業ですが、強弱をつけたり微調整をしたりしながらより良い絵に仕上げていきます。最後は着色です。線が綺麗にできていれば「アニメ塗り」という方法で簡単にできます。詳細は後述しますがデジ絵の大まかな流れはこのように進むので、まずは流れをしっかりおさえておきましょう。

## デジタルで絵を描くフローチャート

**1** ペイントソフトを立ち上げて
「新規キャンバス」作成

**2** 構図やポーズ、配置を
考えながら「ラフ」作成

**3** ラフレイヤーの不透明度を下げ
その上に新規レイヤーを作成して線画を描く

**4** 線画レイヤー上で塗りたい範囲を選択し
下に配置した色別のレイヤーに着色していく

**5** 塗り漏れがないか確認
あればペンなどで塗りつぶす

**6** 元データはペイントソフトの形式で保存、
ブログに使うならJPGかPNGで別名保存

- ラフでしっかり練っておくといい絵に仕上がりやすいぞ
- 線や色を綺麗にできれば絵のレベルは数段アップする

## METHOD 34 デジタル最大の鬼門「レイヤー」の概念をつかもう

### ✅ レイヤーはクリアファイルをイメージしよう！

　デジ絵で最初の壁となるのが「レイヤー」と「ペンタブ操作」です。逆に言えばここさえクリアすれば、あとは慣れで進めていけます。レイヤーとは「階層」と言う意味で、透明の板と考えてください。デジタルではレイヤーごとに線や色を分けて描いていき、絵を仕上げていきます。わかりにくい場合は透明のクリアファイルをイメージしてください。シートごとに分かれた絵のパーツをはさんでいき、全部を重ねて上から見ると一つの絵に仕上がるというしくみです。

### ✅ レイヤーは好きに増やして自由に描いていくもの

　新規レイヤーは透明な存在です。昔のアニメのセル画とよく比較されますがデジタルなので厚みもなく何百枚でも重ねて使えます。デジタルは後で何度も修正できるのが利点ですが、パーツや色ごとにレイヤーを分けて描いておくと修正作業がさらに楽になります。後に紹介する「アニメ塗り」と言う着色方法では色ごとにレイヤーを分けて塗っていきます。レイヤーは描きながら必要に応じて増やしたり統合したり削除するもので、最初に何枚に分けて描こうと決めてるわけではありません。細部を分けていった結果、何十枚、何百枚になる場合もあります。レイヤーの枚数は描く人のさじ加減次第です。

## レイヤーのイメージをきちんと理解しよう

レイヤーのイメージ

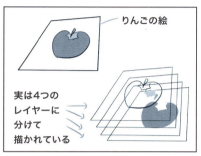

色ごとに分かれた透明シートを重ねて
1枚の絵のように見せています

それぞれの透明シートをバラすと
こんな感じです

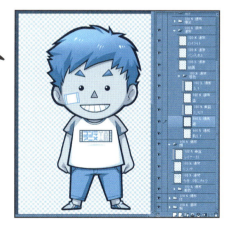

本書のキャラも実は
このくらい細かく
レイヤーを分けて
作成されています

- 悩んだらとりあえずレイヤーを分けておこう
- レイヤーが増えすぎるとデータが重くなるから適宜結合しよう

85

## METHOD 35 レイヤーの基本ルール まずこれだけ知っておこう

### ✓ レイヤーの配置順と名前の変更

　レイヤーは上にあるものが優先的に表示されます。そのため他のレイヤーの影響を受けたくないレイヤーは上に置いておく必要があります。線画と色レイヤーが分かれている場合、線が色より下に来ると色に線が隠される場合があります。本書で紹介する「アニメ塗り」では線と色がくっきりと分かれた絵になるので、基本的に線画レイヤーはすべての色レイヤーの上に配置するかたちになります。またレイヤー名は「ラフ」「線画」「青」「影」など、わかりやすい名前に変更しておくと、あとで混乱せずにすみます。

### ✓ 基本は分ける、でも重くなったら整理しよう

　レイヤーはあまりに増やしすぎるとデータが重くなります。200くらいまでは問題ないですが、増やしすぎた場合は不要なレイヤーを削除したり、結合可能なレイヤー同士を統合してレイヤーの数を減らします。でも、色で分かれているレイヤーはあとで別々に調整することがあるのでくっつけないほうが無難です。分かれている線画レイヤーを結合させたり、同じ色だけどレイヤーが分かれていたものから優先して結合させます。作業していてあまりにも重いと感じたら、削除や統合をしてレイヤーを整理しましょう。

## レイヤーの基本について

上＝色、下＝線画レイヤーの場合、
線画が色に隠されてしまうことも

上＝線画、下＝色レイヤーだと、
線画が隠れずきれいに表示される

レイヤー名が
表示されている辺りを
ダブルクリックすれば
レイヤー名を
変更できるぞ！

- 基本的にレイヤーは細かく分けていこう
- やり直しできるので怖がらずいろいろ試してみよう

## METHOD 36 ペンタブに慣れる3つの秘訣

### ✅ ペンタブの初期設定

　ペンタブは慣れてしまうしかない側面もありますが、そのためにできることはいくつもあります。ペンタブを購入してドライバをインストールしたら「タブレットのプロパティ」を開きましょう。あなたに合わせた筆圧設定ができます。またペンタブのボタンは邪魔に感じたら「無効」にしてしまうのも手です。

### ✅ ペンタブに慣れる練習と便利に使う方法

　とにかく最初はペンタブで描くことに慣れることが第一です。そのための練習としてマウスを使わずペンタブでPC操作をやってみるのもよいでしょう。またかんたんな図形や文字を描いてみたり、好きな絵をトレースする（なぞる）ことも操作に慣れる練習になります。とにかく画面を見ながらペンタブで描くという動作をあなたの頭と体に覚えさせていきましょう。また、クリスタなどの有料ペイントソフトには、手のブレを補正してくれる「手ぶれ補正機能」があります。使わないとプロでも描きにくかったりするので、必ず使いましょう。描く感覚を変えたいときには別売りのシートを買ったり、紙を置いてその上で描いてみるのも有効です。ペン先は付属のものが数種類あるので、いろいろ試してお気に入りを見つけてください。

## ペンタブに早く慣れてしまうために

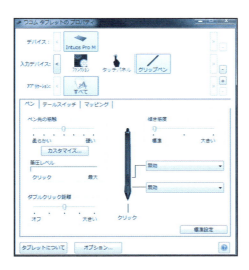

ペン先の感触や傾きも変更できるから好みの状態に設定してね！

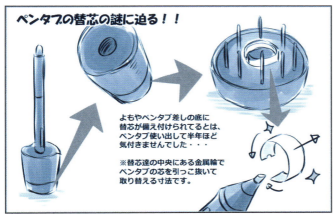

ペンタブの替芯の謎に迫る！！

よもやペンタブ差しの底に替芯が備え付けられてるとは、ペンタブ使い出して半年ほど気付きませんでした・・・

※替芯達の中央にある金属輪でペンタブの芯を引っこ抜いて取り替える寸法です。

- ●結局のところペンタブに慣れるには練習あるのみ
- ●初期設定は必ずちゃんと設定しておこう

## METHOD 37

# 絵を描いて使うなら「アニメ塗り」さえわかればよし！

　アニメ塗りという描き方・塗り方は、デジタルイラストの基本形です。筆者のキャラクターも典型的なアニメ塗りで作成されています。線がハッキリして、色が影も含めてくっきりと分かれた状態で仕上げられるのが特徴です。

　アニメ塗りは色ごとにレイヤーを分けて作成するため、自然とレイヤーの理解が身につきます。絵を描く基本の順番に沿っているので、無理なく始められます。筆者自身もかつてアナログからデジタルに移行する際にはアニメ塗りの理解からでした。最初はレイヤーの扱いや並び方など戸惑うこともたくさんありましたが「上に置けば下のレイヤーに邪魔されることはない」などの理屈が描く中で実感できると一気に楽になるはずです。これからデジ絵を始めるなら、ぜひアニメ塗りからスタートしてください。

　そして、ブログやビジネスにあなたの絵を描いて使う際はこのアニメ塗りさえわかれば十分です。経験を積み重ねることでデジタルで描く上で必要なサブ知識も身についていきます。Part4からアニメ塗りについて詳しく紹介していくので、ぜひしっかり習得してください。わからないところはサイト【コンテアニメ工房】のブログ記事でも解説していますので参考にしてください。

　絵の活用には当然「画力」があったほうがいいですが、まず絵を描いて実際に使ってみることが大切です。上手すぎる必要はありません。絵の力を最大限あなたの目的達成のために活用するためにも、アニメ塗りの理解は最優先としてください。

# これだけわかれば大丈夫！
# デジタルで絵を描く
# ～アニメ塗り・実践編～

# Part 4

## METHOD 38
# CLIP STUDIOで絵を描くときはまずここだけおさえよう！

## クリスタの画面構成を知っておこう

　CLIP　STUDIO（以降クリスタ）の画面構成は右ページのとおりです。中央に絵を描くためのキャンバスがあり、左右にさまざまなパレットが用意されています。各パレットの詳細は右ページを参考に実際に触りながら覚えていってください。少し慣れてきたら、よく使うパレットを使いやすい位置に配置したり、不要なパレットを閉じたりして、作業しやすい状態にアレンジしましょう。閉じたパレットを再び表示したいときは［ウインドウ］メニューから目的のパレットを選択で再表示できます。また、初期設定で表示されていないパレットも［ウインドウ］メニューから選んで表示させることができます。

## 優秀なソフトだからこその難点とは？

　クリスタは高機能なソフトですが、反面やれることが多すぎて初心者のうちは悩むこともあるでしょう。本書ではブログに使う絵を描くために必要なことだけを厳選して紹介しますので、まずはそれだけを覚えてみてください。一般の教本ではさまざまな機能について詳しく解説されていますが、最初から全部覚えようとするとどうしても混乱しがちです。複雑に考えすぎず、必要なことだけを知って気楽に触ることから始めましょう。

## クリスタの画面構成

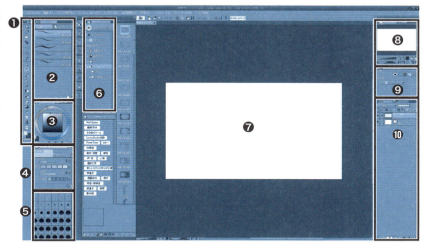

※「CLIP STUDIO PAINT EX」の画面です

| | | |
|---|---|---|
| ❶ | ツール | ペンや選択などのツールが並んでいる |
| ❷ | サブツール | 選んだツールに応じて細かい設定が表示される |
| ❸ | カラーサークル | 色を選べる　※他にカラースライダーなども |
| ❹ | ツールプロパティ | サブツールで選んだものに対しさらに細かい設定ができる |
| ❺ | ブラシサイズ | ブラシサイズを選べる |
| ❻ | 素材 | 備え付けやダウンロードした素材が表示される |
| ❼ | 新規キャンバス | キャンバスが表示される |
| ❽ | ナビゲーター | キャンバスの表示サイズや角度を変えられる |
| ❾ | レイヤープロパティ | レイヤーに対する効果を調整できる |
| ❿ | レイヤー | レイヤーが表示される |

- ●画面構成はワークスペースと言ってパレットは自由に動かせるぞ
- ●使わないパレットは消すと見た目もスッキリするぞ

## METHOD 39　新規キャンバスを作成しよう

 **クリスタでアニメ塗りを始める準備をしよう！**

　ここからは実際にクリスタを使ってアニメ塗りで絵を描く流れを解説します。一般的なデジタル絵の教本で細かく網羅するようなことは省き、ブログなどに絵を描いて使うために必要なことだけを厳選して解説します。実際にソフトを起動して触ってみると理解も速まりオススメです。

 **「新規キャンバス作成」からすべてがはじまる**

　クリスタを起動し新規キャンバスを作成し絵を描いていきます。右の❷ではキャンバス設定を行いますが、ひとまず[作品の用途]で[イラスト]を選択し初期設定の状態で作成してみましょう（絵のサイズや解像度が既に決まっているならそれに従い設定します）。❸の状態になれば準備完了です。

 **[レイヤー]パネルを確認しよう**

　新規キャンバスを作成したら[レイヤー]パネルを見てみましょう。下に[用紙]、その上に[レイヤー1]があります。絵は[レイヤー]を選択しその上に描いていきます。初期状態ではレイヤーは1つですが追加できます。[レイヤー]パネル右にある目のアイコンをクリックするとそのレイヤーが非表示になります。

## 新規キャンバスの作成方法

❶[ファイル]メニュー→[新規]をクリック

❷[作品の用途]で[イラスト]を選択し[OK]をクリック

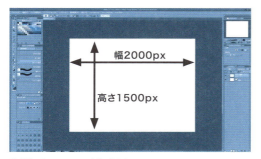

❸新規キャンバスが作成される

❹[レイヤー]パネル。[用紙]レイヤーを非表示(目のアイコンを非表示)にするとキャンバスが透明な状態になる

- **レイヤーの表示/非表示はいつでも自由に変えられるんだ**
- **一番下の[用紙]は白く見せる用途で絵は描けないぞ**

## METHOD 40 サイズと解像度の違いを おさえておこう！

### 「サイズ」と「解像度」の違いとは

　デジタルで絵を描くときにまず知っておきたいのは「サイズ」と「解像度」の違いです。とはいえ難しく考えすぎる必要はなく「サイズ」＝「大きさ」、「解像度」＝「密度」だと認識しておいてください。同じサイズのキャンバスでも、解像度72と300とでは、描き込める密度が異なります。もちろん密度が高いほうが画像はきれいです。しかし高解像度のデータは容量が重くなり、また細かいところまでていねいに描く必要が出てきます。絵をどんな目的で使うかによって、必要な解像度を設定するようにしましょう。

### 解像度はWeb用なら72、印刷用は300以上に

　ブログやSNSなどWeb上の表示のみで使う絵は「解像度＝72」、印刷する可能性がある場合は「解像度＝300以上」に設定しておきます。デジタルは大きいものを縮小することは得意で、後から解像度300→72に下げることは簡単です。しかし、小さいものを大きくすると絵が無理やり引き伸ばされるために荒れてしまいます。印刷物として絵を使用する場合、低解像度の画像では汚い（印刷に耐えられない品質）仕上がりになってしまいます。印刷する可能性がある絵は最初から必ず解像度300以上に設定しておきましょう。

## 解像度はキャンバス作成時に固定しよう！

サイズ50×58mm、解像度300ppi

サイズ50×58mm、解像度72ppi

解像度が違うと
絵の描ける密度が全く変わるぞ！
高解像度のほうが
画像はきれいになるけど
容量は重くなるから
必要に応じて使い分けよう！

- ●サイズや解像度は後から小さくするのは簡単だけど逆はNG
- ●Web用は72、印刷用は300と覚えておこう

## METHOD 41 ラフを描こう❶ ラフを描くときに意識すべきこと

### ☑ 自分の好きなペンツールと色で描いていこう

　新規キャンバスを作成したら「レイヤー1」の名称を「ラフレイヤー」に変えてラフを描いていきます。まずはあなたの頭の中にあるイメージを、漠然とでかまわないので手を動かしながらキャンバスに落とし込んでいきましょう。ラフで使うペンツールは好きなもので構いません。鉛筆やシャーペンでもいいですし、GペンなどでもOKです。あなたが描きやすいものを使ってください。色も任意なので、漫画の下描きのように水色を使うのもいいでしょう。ラフなので線の美しさよりも、イメージを形にすることを優先して描いてください。

### ☑ すぐにできなくて当たり前、まず真似から始めよう

　ラフはざっくりしたものに見えますが非常に奥深いものです。そして絵の完成形を左右する工程でもあります。回数を重ねながら右ページのポイントを意識して描いていきましょう。最初のうちは、あなたが描きたいと思ってる絵に近いものをネットや本で探し、その絵がどんな意図で描かれているか想像しながら参考にしてみてください。「ラフ」なので仕上がり自体は雑で構いませんが、ちゃんと描いておかないと後で困る部分も出てきます。次工程の「線画」では「ラフ」をなぞって描いていくので、それができそうな状態にまで仕上げましょう。

## ラフを描くときに意識したい4つのポイント

- ❶ レイアウト　　キャンバス内におけるキャラクターなどの配置
- ❷ 構図　　　　　正面、上から（フカン）、下から（アオリ）など
- ❸ ポーズ　　　　落ち着いた直立か、激しい動きか？
- ❹ 表情・衣装　　どんな印象・感情を伝えたいのか？

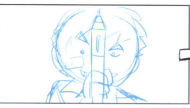 

> ラフの段階で
> 最適と思う状態を探して
> あなたの理想のイメージに
> 近づけていこう♪

- ●ラフはすべての基本なので気合い入れて描いていこう
- ●必要に応じてレイヤーを細かく分けて描いてもOK

# METHOD 42 ラフを描こう❷ 小手先の技術をうまく活用しよう

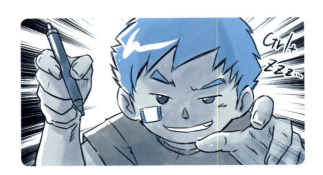

## ✓ セーブと取り消しを使いこなそう！

　絵を描いているときは必ずこまめにセーブしましょう。描いてる途中に突然アプリが落ちるのはよくある話です。あなたの気分がノッて描いているときほど長時間セーブを忘れ、そんなときに限ってPCやソフトが落ちるのがデジ絵あるあるです。［ファイル］メニュー→［保存］、もしくは「Ctrl+S」でセーブできます。5分位経ったらセーブする習慣をつけておくと安心です。また「Ctrl+Z」で一段階前に戻す「取り消し」も積極的に使っていきましょう。間違えるたびに消しゴムツールで消していてはムダな時間がかかってしまいます。描いて失敗したと思ったら即「Ctrl+Z」で前に戻るのが鉄則です。

## ✓ 「拡大・縮小・回転・変形」を最大限使え！

　デジタルならではの「拡大・縮小・回転・変形」はラフ段階でこそ積極的に使っていきましょう。小さくしたり回転したり拡大・縮小したり……自由に何度も調整できます。でも次工程の線画では幅を縮めたり拡大すると線が荒れてしまうので使うときは注意が必要になります。しかしラフの線は後で消してしまうのでどれだけ変形させたところで問題ありません。変形したい部分を選択し、「Ctrl+T」で「拡大・縮小・回転」させる操作を覚えて使いこなしましょう。

## 選択系ツールの使い方

ツールバーのなかにある❶[選択範囲]をクリックして選択すると❷のサブツールが表示されます。目的に合わせてサブツールを選択して選択範囲を作成します。よく使うのは[長方形選択][投げなわ選択]です

### ●長方形選択

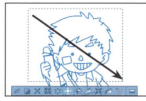

ドラッグして作成した長方形の範囲が選択範囲になります

### ●投げなわ選択

ドラッグして囲んだ範囲が選択範囲になります

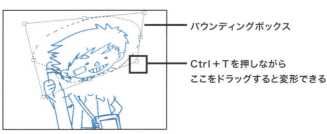

― バウンディングボックス

― Ctrl + T を押しながら
ここをドラッグすると変形できる

選択範囲を作成すると点線を含む範囲にバウンディングボックスが表示されます。Ctrl + T を押しながら□をドラッグすると変形できます

●デジタルならではの便利な機能はどんどん使おう
●手を抜けるところは抜いて、楽に効率的に描いていこう

# METHOD 43 線画を描こう❶
## 線画を描く手順とポイント

### ☑「線画」工程の準備

　ラフが仕上がったらラフレイヤーの［不透明度］を20〜30％程度に下げて線を薄くします（不透明度を0にすると完全な透明となり見えなくなります）。その上に新規レイヤーを作成して「線画レイヤー」と名前を変え、ラフ絵を線画レイヤー上でなぞりながら整えていきましょう。ペンツールはあなたの描きやすいものを選んで構いません。漫画用のGペンや丸ペンもありますので、好みのペンを使いましょう。ただし、特別な意図がない限りはかすれた仕上がりのツールだけは避けた方が無難です。

### ☑ 上手く線画を描くためのポイント

　線画は慣れるまではなかなか難しい工程です。最初のうちはあなたの好きなイラストを下絵に使ってトレースをして何度も練習しましょう。上手な絵は線画だけで見てもしっかり完成されているものです。二度描き三度描きをしてもいいので線がヨレヨレしないようにきれいに仕上げていきましょう。また、次の「着色」の工程を楽にするためにも、線のつなぎ目に隙間ができないように描いておくことも重要です。どうしても線がヨレてしまう場合はペンタブの筆圧設定や手ブレ補正機能を確認してみましょう。

## 線画を描く手順とポイント

❶「ラフレイヤー」の[不透明度]をバーで調整して薄くする（20〜30%）

❷「ラフレイヤー」の上に新規レイヤーを作成してレイヤー名を「線画レイヤー」にする

❸ラフをなぞりつつよりよい線に仕上げていく

● 線画のポイント

パーツごとのつなぎ目はふさいでおく

境界を太く内部を細く描くと立体感が出る

髪の毛先は、いったん太く描き、消しゴムで削って尖らせると楽

- ●力を入れすぎずササッと描くとうまくいきやすいぞ
- ●ワンストロークで描くことこだわりすぎないよう注意

103

# METHOD 44 線画を描こう❷ 線画をきれいに描く5つの極意

## ☑ 線画をきれいに描く極意をおさえよう

　線画はただラフをなぞるだけではなく、ラフを元により良く仕上げていく工程です。重要な工程なだけに、経験を重ねないと上手くできないのも事実です。プロのイラストレーターでも線画が貧弱なせいで絵のレベルが残念なことになってるケースもあるくらいです。練習を進めていく上では、右ページで紹介している5つの極意を試してみてください。

## ☑ 修正は怖くない！ 柔軟な気持ちで取り組もう

　デジタルというツールは色々なことができるので、あなたにとってやりやすい方法を見つけていくことが重要です。せっかくアナログからデジタルに移行したのに非効率でいては元も子もありません。アナログの場合、間違えた後の修正はとても面倒な作業ですが、デジタルでは最初からそれを見越してレイヤーを細かく分けておけば修正したいレイヤーだけを修正できます。最終的にきれいな状態の絵に仕上がればいいわけですから、その過程で何をどうやっても構いません。特に線画は肩に力が入りすぎるとうまくいきにくいので、「失敗したら直せばいい」と気楽に取り組みましょう。

※https://conte-anime.jp/draw/line-drawingで線画工程の動画が見られます。

## 線画を上手くきれいに描くための5つの極意

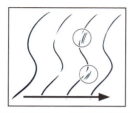

長い線を手首のスナップで描くのが難しい場合は細かい線を描いてつなげましょう

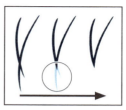

あえて少し長めに描いて端を消しゴムで消すのも有効です

描きにくい角度はキャンバスを回転して描きましょう

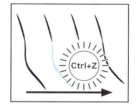

描いて気に入らないときは「Ctrl+Z」で取り消しして再度描きましょう

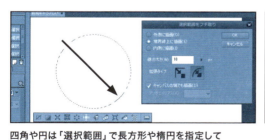

四角や円は「選択範囲」で長方形や楕円を指定して
[編集]メニュー→[選択範囲をフチ取り]で描きましょう。
※「Shift」を押したままドラッグすると正方形や正円の選択範囲を作成することができます。

- ●分けて描いた線画レイヤーは最後に結合しておこう
- ●最後にもう一度見直してできるだけきれいに仕上げよう

## METHOD 45　着色をしよう❶ アニメ塗りの基本手順

### ✓「アニメ塗り」の基本手順

　線画ができたらラフレイヤーは不要になるので、レイヤーパネルの目のアイコンをクリックして非表示にしておきます（あとで確認したい場合もあるので削除はしない方が無難です）。アニメ塗りでは線画は一番上に配置し、色別のレイヤーをその下に並べていきます。髪、肌など、色ごとのレイヤーを作成し、必要な部分を塗りつぶしていくのが基本の流れです。理屈とレイヤー配置がわかれば、あとは塗り絵感覚で進められるのがアニメ塗り最大の利点です。

### ✓作業の漏れがないように最終確認をしよう！

　[自動選択]は髪や肌など塗りたい範囲の内側をクリックすると、線で囲まれた領域を選択してくれる便利なツールです。アニメ塗りは[自動選択]で着色範囲を選び塗りつぶしていきます。もし隙間があってもクリスタでは[隙間閉じ]の機能でちょっとした隙間をカバーしてくれる効果もあります。一通り塗り終えたら、最後に塗り漏れチェックを行いましょう。塗り漏れを見つけたらペンツールで隙間を塗りつぶします。最下段に黄緑などで塗りつぶしたレイヤーを配置しておくと、塗り漏れ箇所が視認しやすくなりオススメです。

※https://conte-anime.jp/draw/coloringで着色工程の動画が見られます。

## アニメ塗りの基本的な手順

クリック

❶[自動選択]を選択し線画レイヤー上で髪の範囲をクリック

❷色を選択

❸線画レイヤーの下に新規レイヤーを作成しレイヤー名を「髪色」にする

❹バケツをクリックして選択し髪色レイヤー上でクリックして塗りつぶす

❺同様に肌や服などのレイヤーを作成し塗りつぶしていく

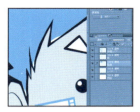
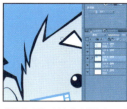

❻最後に塗り漏れがないか確認

❼塗り漏れがあれば該当レイヤー上で同じ色を使い、ペンツールで描いて塗りつぶす

❽完成

- 選択は「線画レイヤー」、着色はその下の「色」用のレイヤー
- 「線画レイヤー」上で塗りつぶさないように気をつけよう

## METHOD 46 着色をしよう❷ 色塗りの力を伸ばすためのコツ

### [スポイト]ツールを有効に使おう!

　アニメ塗りは慣れるとポンポン塗れるようになりますが、問題は「配色」です。センスも関係しますし、色に関する知識がゼロだとなかなかうまくいかないのが実状です。配色をうまくやるためには、上手い人の配色や専門書を参考にする以外ありません。上手い人の絵を見て、髪や肌・服などどんな組み合わせで配色しているかをじっくり研究しましょう。クリスタに限らずペイントソフトには[スポイト]というツールがあるので、ソフト上で画像を開きスポイトで色をクリックしてどんな色を使っているかを確認してみるのも参考になります。

### 真似から入っていくのが一番の近道!

- ●原色を使いすぎる
- ●全体的に彩度が高すぎて眩しい
- ●逆に彩度が低くて暗い印象に

　着色し始めに誰もが通る過程です。自分の絵しか見ていないとこのような状況になりがちです。本格的に学びたいのであれば専門書を参考にしてもいいですが、ブログやビジネスで使うなら見る人が引くレベルでなければ十分です。好きな絵やうまいと思う人の配色を見て経験を重ねていきましょう。

## スポイトの使い方と配色の進め方

「スポイト」を選択して任意の画像を開きます

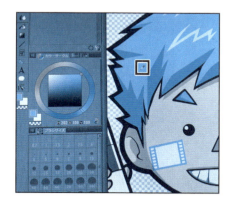
知りたい色の上でクリックするとその色を選択しそのまま使うことができます

既存の絵の配色がどうなっているのか、あなたの絵に置き換えて確認してみましょう

- やたら色数を増やしすぎないことも重要だ
- レイヤーが分かれていればあとから色を変えることは容易

## METHOD 47 影・光の塗り方

### 便利な「クリッピング」の機能を覚えよう！

　アニメ塗りではパーツごとのベース色の上に境界線がくっきりとした影や光が描かれることが多いですが、影や光を描く際は[クリッピング]という機能を使います。肌レイヤーの上に影用のレイヤーを新規作成し、肌レイヤーにクリッピングすることで、肌レイヤー側で着色された範囲以外に描くことができなくなります（実際は描かれているが非表示になる）。それにより肌の領域にだけ影色を乗せられて、はみ出しを気にする必要がなくなります。

### 影や光の色選びのコツ

　影や光の色はカラーパレットで選んでもいいですが、最も簡単なのは[合成モード]を使う方法です。レイヤーパレットの[通常]となっているタブをクリックするとさまざまな合成モードが選択できます。影でよく使われるのが[乗算]で、これはその下のレイヤーと現在のレイヤーの色をかけ合わせ元より暗くする合成が行えます。光の場合は[スクリーン]がよく使われ、[乗算]とは逆に明るくなります。ただ万能ではないので、色によってはパレットから選ぶことも必要です。とにかく色はいきなり正解にはたどり着けないと割り切って、失敗を重ねつつ覚えていきましょう。

## 影の塗り方と色の選び方のコツ

❶新規レイヤーを作成しレイヤー名を「影」にして「肌レイヤー」の上に配置する

❷「肌レイヤー」上で右クリックし、[レイヤー設定]→[下のレイヤーでクリッピング]を選択

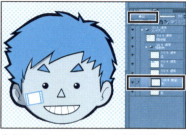

❸「影レイヤー」の合成モードを[乗算]に変更し影を入れたい部分を肌と同じ色で影レイヤー上で塗る

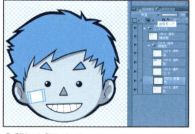

❹「髪」や「肌」など、それぞれのパーツごとに同様に塗っていく

● カラーパレットから影や光の色を選ぶコツ

□がベース色の場合、影は右下のAあたり、光は左上のBあたりがおすすめです。1回でうまくいかないときはその付近で微調整を行ってください

- 合成モードはレイヤーごとにいつでも何度でも変更できるぞ
- 塗り方や配色は流行があるので最新アニメやイラストも見てみよう

## METHOD 48　キャンバスを自由に動かして絵を描こう！

### ☑ キャンバスはグルグル動かして描いていこう

　アナログで絵を描いた経験がある人ならわかると思いますが、絵は描きやすい方向に紙を回しながら描くことがあります。また紙を裏返してデッサンの狂いがないか確認することも行います。その動作をデジタル上でも同じくできるよう「ショートカット」を設定してみましょう。

　[ファイル]メニューから[ショートカット設定]を選択しダイアログを表示すると、操作のショートカットを設定することができます。回転や反転、ズームイン・ズームアウトなど、頻繁に使う機能はショートカットを設定しておけば作業効率が格段にアップします。おすすめの設定は右ページのとおりです（右利きの場合です。設定方法はウィンドウ下の「i」も参照してください）。

### ☑ ムダな時間を削減してもっと効率よく絵を描こう！

　ショートカットを使うことによりペンタブで絵を描きながら、反対の手をいつもキーボード上に置いてそのまま操作できます。すると絵を描く効率が大幅に上がります。右ページの設定は筆者のおすすめですが、あなたの使いやすいやり方に変えて、よく使う操作をどんどん追加していきましょう。専用デバイスやゲームコントローラーも使えるので、興味があれば試してみましょう。

## おすすめのショートカット設定

[ファイル]メニュー→[ショートカット設定]を選択すると表示されるダイアログ。ショートカットを設定したい操作を選択して設定していきます

### 筆者のおすすめ（※右利きです）

| 操作 | ショートカット |
|---|---|
| 左回転 | 1 |
| 右回転 | 2 |
| 左右反転 | 3 |
| 回転反転をリセット | 4 |
| ズームイン | Q |
| ズームアウト | W |

**CLIP STUDIO TABMATE**
キーボードの代わりとして使えるデバイスも販売されています

- 操作の手間の削減は描くモチベーションにも影響するぞ
- あなたの描きやすい状態にカスタマイズしていこう！

## METHOD 49 「仕上げ」最終チェックで絵の質を2倍3倍に引き上げよう

### ☑ 描いて終わりじゃなくもう一手間いれよう

　ラフ・線画・着色が終わればひとまず絵は完成です。さっそくブログや会社のホームページに画像を掲載して……となりそうですがちょっと待ってください、公開前に描いた絵をもう一度見直しましょう。右ページのチェックポイントを最後に確認したかどうかで、描いた絵の品質は大きく変わってきます。絵に抜けや漏れがあるといかにも素人臭く見えてしまうものです。プロほど最後の確認を怠らないので、ぜひ絵を描く作業の最後に一通り確認しミスをつぶすクセをつけましょう。最初は面倒に感じるかもしれませんが、習慣化できれば手間に感じることなくやれるようになります。

### ☑ あなたの絵のレベルを総体的に高めていこう

　「仕上げ」の意味はさまざまですが、ここでは「見直し確認」という意味で使っています。描いてるときは描くことに集中しているためどうしても視野が狭くなります。なので描き終わったあとに少し時間を置いたうえで冷静に見直しましょう。後から見て初めて気づけることもよくあります。抜けや漏れを最大限減らすことであなたの絵の価値はさらに引き上げられます。ブログやビジネスに使うための絵だからこそ、逆に細かい配慮が欠かせません。

## 絵を描いたあとの最終チェック表

☐ 線に汚いところはないか？
　（かすれ、強弱が不自然、変な空白はないか）

☐ 色の塗り漏れはないか？
　（影のつけ忘れ、間違って塗った箇所はないか）

☐ 不必要な点やゴミが残っていないか？

☐ 意図するイメージと違った表情になってないか？

☐ 配色はおかしくないか？
　（くすんだりケバすぎたりしないか）

☐ 第三者が不快に思う絵になっていないか？

最後の確認で手を抜くと
いい仕上がりにならないぞ！
ここが一番大事だと思って
しっかりチェックしよう！

● 自分以外の人に見てもらうのも有効だ
● 最初は時間がかかるけど繰り返すうちに確認は速くなるぞ

## METHOD 50 作成データの保存・書き出しして素材化

### ✓ 作業中と完成したデータの保存・保管など

作画中のこまめなセーブも大切ですが、完成後の保存も重要です。ペイントソフトで作成したデータは作画中も完成後も基本的にソフト固有の形式で保存しておきます。クリスタなら「.clip」（CLIP STUDIO FORMAT）形式、Adobe Photoshopの場合は「.psd」（Photoshop）形式です。これが元データとなり、後で調整する場合もこの元データを使って行います。

### ✓ 描いた絵をWeb上で使うなら画像素材化しよう

一方でブログやSNSに使う場合は「.jpg」か「.png」形式で保存する必要があります。元データを開いて「.jpg」か「.png」形式に書き出します。これを「画像書き出し」といい、書き出された「.jpg」「.png」形式のデータを「素材」と呼びます。JPGとPNGの大きな違いは透明情報を保持できるかどうかです。例えばキャラ単独の絵の場合、元データでは余白は透明になっていると思います。PNGの場合は透明部分をそのまま透明として保存できますが、JPGは透明部分が強制的に白になってしまいます。そのため、別の画像に重ねたり組み合わせて使いたいときはPNG形式で書き出す必要があります。特に透明部分がない絵の場合は、PNGよりも容量の小さいJPGにするといいでしょう。

## JPG形式とPNG形式の違い

JPGは透明部分が強制的に白になってしまいますが、
PNGでは透明情報を保持することができます。

| ファイルの拡張子 呼び方 | 特徴など |
| --- | --- |
| .jpg（ジェイペグ） | 背景を透過できない、画像を圧縮して軽くできる |
| .png（ピング） | 背景を透過できる、画像が劣化しない |
| .gif（ジフ） | 背景を透過できる、容量が小さくアニメーションにすることができる |
| .clip（クリップ） | レイヤーを持てる、Clip Studioの保存形式 |
| .psd（ピーエスディー） | レイヤーを持てる、Photoshopの保存形式 |

- 小さいデータであれば容量も画質もそこまで大差ない
- 元データさえ保管しておけば何度でも書き出しできるぞ

## METHOD 51　文字を絵の上に置きたい！背景に別の絵を入れたい！

### ✓ フォント機能を利用しよう！

　クリスタには文字が使える機能が備わっているので、絵に文字を載せることもできます。ツールパレットで「テキスト」を選び、キャンバス上の任意の場所をクリックすると文字が入力できるようになります。フォントの種類やサイズ等はツールプロパティで設定し、入力後でも調整できます。またフキダシ素材は元から入っているものに加えダウンロードで有料無料素材も使えます。自分で線を描いて中を白く塗り、自前のフキダシ素材を作ってみるのもいいですね。

### ✓ コピー＆ペーストで別の画像を組み込もう！

　自分でキャラクターだけを描いて背景には別の画像データを差し込む手法はサイト【コンテアニメ工房】のブログアイキャッチでも積極的に実践しています。限られた時間できれいに見せたいとき、商用フリー素材の活用は効率アップにつながり便利です。やり方は簡単でコピー＆ペースト（「Ctrl+C」→「Ctrl+V」）でできます。キャラ絵と背景用画像の両方をクリスタで開き、背景として使いたい範囲を選択してコピーし、キャラ絵のキャンバスをアクティブにしてペーストすればOKです。別々の画像のキャラを一つのキャンバス上に配置したり重ねて使いたいときにもコピー＆ペーストでできます。

## 文字や画像を組み合わせて活用しよう

### ●文字入れの手順

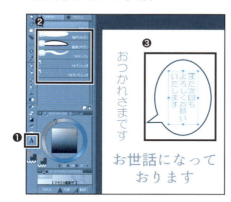

❶ツールパレットで[テキスト]を選択

❷サブツールに吹き出しが表示されるので必要であれば選択

❸キャンバス上をクリックして文字を入力する

### ●コピー&ペーストの手順

❶合成したい2枚の画像を開く

❷コピー元を選択（長方形選択などを使用）しコピー（Ctrl + C）する

❸コピー先のキャンバスをアクティブにしペースト（Ctrl + V）する

❹背景の位置やサイズを調整して完成

❸ コピー先をクリックして選択しCtrl + V

●コピー&ペーストはさまざまな場面で役立つぞ
●フリー素材やフリーフォントを使う際は利用規約を確認しよう

## METHOD 52

# デジ絵を目的でなく手段にするなら 必要なことだけ覚えよう！

　絵の活用はブログにとどまらずTwitterを始めとした各種SNSやビジネス系サイトにも積極的に使える利用範囲の広い手段です。

　絵を使えば商品の説明や新サービスのウリをわかりやすく楽しく伝えることができます。何より絵のもつインパクトは何千文字もかけて伝える文字情報を一瞬で凌駕するほどのポテンシャルを秘めています。活用したいけどデジタルで絵なんて描いたこともないからムリだ……。そんなあなたにこそ読んでもらいたくて本書は生まれました。

　一般的なデジタル絵の教本は多くの機能を網羅、あるいは上級者向けのテクニックを紹介しているため、初心者には混乱を招くことがよくあります。本書では「絵の上達」ではなく「絵の使用」をメインテーマとしているため、デジタル絵を描いて手段として使うために必要な知識と技術だけを紹介しています。不要な情報を無理に覚えようとして混乱しやめてしまう……。そんなことは絵に限らず仕事や勉強でも多いと思います。ゴールを明確にし、そのために必要な部分だけに集中すれば続けやすくなるはずです。

　ブログやビジネスへの絵の活用は、大企業に対して中小や個人が張り合うことさえ可能にします。そしてこの力に気づき実践できている人はまだまだ少数です。もともと絵を描ける人がなんとなくアクセント的に使ってる程度で、積極的にブランディングに使用している例は数えるほどしかありません。

　あなた自身をブランド化する「セルフブランディング」はやり方を間違えなければ必ず大きな成果をもたらします。まずは伝えたいことをわかりやすく届けるために絵の活用を始めてみてください。配慮の積み重ねが読み手の心をとらえていけば、あなたの印象は次第に眩しく輝き始めます。

# Part 5

## 初心者のうちにまずおさえたい デジ絵の上達法

## METHOD 53 ラフは何度だって描き直そう

 **最初の一歩であり全体の指針でもある「ラフ」**

絵の最初の工程で描く「ラフ」。ラフと言いつつラフによって絵のすべてが決まる……という相反した性質を持っています。「きれいに描きすぎる必要はないけど配置や構図・表情のイメージはすべてここで決まる！」という想いで、何度も手直ししながら納得できる状態にもっていきましょう。

 **漠然とじゃなく考えながら手を動かそう！**

右ページは筆者のブログアイキャッチのラフと完成画像です。実際の作業では掲載しているラフになる前に何度も移動や拡縮して、悩みつつ描いています。描くことに慣れると、ある程度イメージを固めた状態で始めることができますが、不慣れなうちはそうもいかないはずです。最初に描いてみた状態が一番いい！なんてことはほぼないと思っておきましょう。プロのイラストレーターでも何度も描き直しながら最善を模索しています。キャンバス内で絵をグルグル回して動かしながら、キャンバスのどこにどんな角度で絵を配置するのが見る人にとって一番いいか考えながら描いています。作画のヒントは映画や漫画などありとあらゆるところにあります。意識して見ることであなたの中にいい絵を描くための目と意識が、徐々に確実に備わっていきます。

## ラフと仕上がりのサンプル

線画・着色後、別素材のキャラを載せています

文字やロゴを載せてアイキャッチ完成

- ラフだからこそ自由に描いていろいろ試してみよう
- 考えることに手を抜くと絶対いい出来にはならないぞ

## METHOD 54　線画を上手く描けるようになるためのコツ

　線画は一番厄介な工程かも？

　ラフ・線画・着色の作業の中で最も慣れや経験が必要なのは「線画」でしょう。筆者開催のワークショップやオンラインスクールでも多くの人が習得に苦労していましたし、筆者自身もデジタルを使い始めの頃はとにかく苦手だった記憶があります。そんな線画に慣れるためのコツを2つご紹介します。

・コツ1　何度描きをしていこう！

　幼いころの習字の授業では二度描きはだめと言われていたと思いますが、デジタルの線画では二度・三度と線を重ねても問題ありません。他と比べて細くなったりフニャフニャ頼りない線は、上からなぞったり加筆したりして整えましょう。線画が引き締まると絵の印象はガラリと変わります。注意点としては線の中に隙間が出ないようにきちんと塗りつぶすことです。

・コツ2　トレースして速く慣れよう！

　他の人の絵を表示してその上でトレースして線画の練習をしましょう。子どもの頃にやった写し絵のような感じです。トレースというのは悪い言葉のようにとらえる人もいますが、純粋な練習としてはとても有意義なものです。参考絵の線の強弱をしっかり再現していきましょう。次第に、各部分ごとの線画の使い分けにも意識を向けていってください。

## 線画の綺麗な仕上げ方

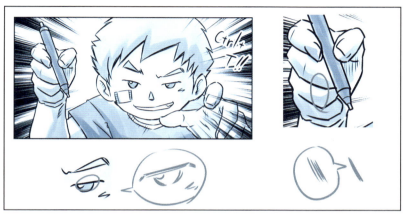

例として多少極端に書いていますが、実際このように
複数の線で一本の線に見せてることもあります

トレースでの練習では参考絵の線の強弱をしっかり再現しよう

線画に慣れないうちは
トレース練習が最適だぞ！

- 貧弱な線画は絵のイメージを格段に下げてしまうぞ
- キャンバスを回転させて描きやすい角度で描くのも重要だ

## METHOD 55 影と光を上手く描く方法

###  流行に左右されがちな影と光の描写

　イラストやアニメの影や光の描き方には流行があります。現在の主流を知ってればそれでいいですが追いきれないのが普通なので、基本だけを理解しておきましょう。興味があれば最新のアニメを見てどんな感じで描かれているかを確認するのも手です。ちなみに近年のアニメでは、顔の影は少なめで、髪のハイライトも円や些細な線で済ますなど簡略化されているのが特徴です。

###  光源とランダム性を意識しよう

　影や光を描くときにまず意識するのは「光源」です。光がどこからキャラに当たって影や光がどこにできるか考えて描きます。基本的には影＝光源の反対側、ハイライト＝光源と同じ側になります。光源は描くシーンごとに自由に設定していいですが、一般的にキャラの右上か左上に設定することが多いです。

　最初のうちは球体を意識して影やハイライトを入れます。キャラは球体と違ってデコボコがあるので、輪郭やアウトラインに沿いすぎず、輪郭のカーブとはやや異なったカーブで入れると自然になります。適度なランダム性と、位置を絞って入れていくことが大切です。影をきれいに塗れば絵の完成度を上げられます。雑にやると非常に汚い印象になるので、丁寧に仕上げることを意識しましょう。

## 光源と影や光の描き方

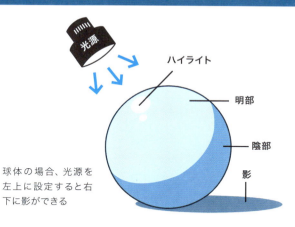

球体の場合、光源を左上に設定すると右下に影ができる

キャラの場合はアウトラインに沿いすぎずランダム性を意識して影やハイライトを入れる

- あちこちに影を入れすぎると重い印象になるので注意
- ハイライトは無理に入れなくても大丈夫だ

## METHOD 56 手ブレ補正機能を使おう！

### ✓ 手ブレ補正がないとプロでも戸惑う！?

　最近のペンタブは非常に高機能なため、わずかな手の動きまで読み取ってキャンバス上に再現してくれます。その分、余計な手ブレなどまで読み取られてしまい逆に線が描きにくくなる……なんてこともあります。そんなときに役立つのが「手ブレ補正機能」です。クリスタはペンの種類ごとに補正の強度を設定できるので、使いやすい状態に設定しましょう。

### ✓ 手ブレ補正の使い方

　ツール・サブツールで任意のペンを選ぶと、ツールプロパティに「手ブレ補正」という項目が表示されます。ここで手ブレ補正の設定ができます。数値が大きいほど補正の度合いは強くなります。補正を強くしすぎると思ったような線が描けない場合もあるので、いろいろ試してあなたに最適な設定を探し出しましょう。髪の毛などサラッとした長い線を描きたいときは、その間だけ手ブレ補正を強めに設定して手首のスナップで一気に描くのも有効です。ちなみにツールプロパティはペンの種類ごとに設定できる項目が変わります。シャーペンには「硬さ」という設定もあります。慣れてきたら各ペンごとに細かい調整してあなたが使いやすいようにカスタマイズしましょう。

## 手ブレ補正を設定する

ペンを選ぶと表示される[ツールプロパティ]で手ブレ補正を設定

ペンの種類を変えると設定項目も変化する

手ブレ補正機能は最初から使っていこう！逆に最初こそ手ブレ補正なしでやるのは無茶かも……？

● 数値が大きいほど補正が強くなるぞ
● ペンタブ側でのペンの設定も確認しておこう

## METHOD 57 トレースのすすめ

### ☑ 線画以外でもトレースを上手く活用しよう！

　「トレース」は技術向上のために有効な練習です。特に描き始めは好きなように描くだけではなかなか上達しません。最初だからこそ上手い人の絵を参考にしましょう。ここでは線画以外のトレースの活用をご紹介します。

・**ラフでのトレース**

　いいと思う構図の絵をごくラフな線でトレースし、それをあなたの絵に置き換えてみましょう。ふだん自分だけじゃ描けない状態が描けてテンションも上がります。構造をよく理解できていない部分もトレースして描くことで、絵に関する知識が経験とともに蓄積されていきます。クリスタなら備え付けの3Dモデルを下絵としてトレースするのも有効です。

・**着色でのトレース**

　着色で参考にしたいのはアニメ塗りの影の入れ方です。影は光源とは逆側に、光は光源側に入れるのが基本ですが、立体ごとにどう入れたらいいかは造形的な知識が必要です。アニメ絵の影線をトレースすることでどこにどんな入れ方をしているかつかめていきます。輪郭と完全に平行に入れるのでなく、あえて少しゆがませることで立体感を高めていることも意識してみましょう。絵は均一さよりも「適度なランダム性」が意外と重要です。

## うまくなるためにトレースしてみよう

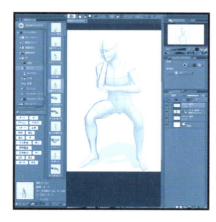

クリスタには3Dデッサン人形が最初から付属しています。ポーズを調整して下絵に使用できます。

※人形レイヤー上で右クリックし、「ラスタライズ」をすれば不透明度を変更できるようになります。

髪の影線をトレースしている例。繰り返し練習することで、どこにどれくらい入れているかが感覚的にわかるようになります。

- ●トレース絵はあくまで練習としてネットでの公開は控えよう
- ●複数の作家の絵をトレースするとクセが偏らず効果的だ

# METHOD 58 キャラの表情・動きは大きくつけよう

## ✓ 絵は目立たせてなんぼ！

基本的にキャラクターの表情や動きは大げさに描きましょう。絵はひと目で印象が伝わる分、おとなしい状態だと想定以上に落ち着いた印象を与えてしまいます。喜怒哀楽は表情だけでなく手振りなども含めて大げさに表現し、ポーズも直立不動にならないように腕を上げたり走らせたりして目立たせましょう。

## ✓ ブログで使う絵に関してのポイント

ブログは（一部をのぞいて）基本的にGoogle検索等で辿り着く人が最も多くなります。悩みや知りたいことを検索し上位表示された記事で興味を惹かれたタイトルをクリックして来訪します。7割ほどが一見さんと考えていいでしょう。そんな人たちに対し妙な世界観を思わせるキャラクターがいると、一瞬で引かれて離脱されてしまいます。読者対象が一見さんなら、ある程度無難なものにしておくほうが得策です。筆者のブログ【コンテアニメ工房】のイメージキャラは「コンテアニオ」という名前だけ決めてますが、それ以外の特徴は設定していません。そのためアイキャッチの絵も自由に描けて、サイトに来てくれた人が文章を読む妨げにならない程度の存在感を出せています。目的次第で絵の使い方は変わります。傲慢な押しつけにならないよう注意しましょう。

## 表情や動きは遠慮せずおおげさに

描き下ろしのブログアイキャッチも、楽しんでみてもらえるように
毎回構図やポーズを試行錯誤しながら作成しています。

表情と動きが大げさな絵。漫画的表現も取り入れています

表情と動きがおとなしい絵。文字を際立たせるためにあえて絵はおとなしめにしています

- ●鏡を見ながら表情やポーズを研究してみよう
- ●ストーリーで見せる漫画なら落ち着いた絵も必要だ

## METHOD 59　全体のバランスを見て描き込みにメリハリをつけよう

### ✅ デジタルツールの優秀な機能の弊害？

　絵を描いているとついつい一箇所だけに集中して視界が狭くなってしまうことがあります。改めて全体を確認してみるとバランスがおかしい……なんてこともよくあります。特にデジタルでの作業は一部分を大きくズームして作画できてしまうため、冷静に離れて眺めたときに妙なバランスになっていてへこむこともよくあるものです。

### ✅ 適度なタイミングで目と脳をリセット

　絵を描いていると集中しすぎて長時間液晶を凝視してしまうことがあります。目も脳も酷使されて疲れてしまいます。少し描けたと思ったら、目と脳をリセットする意味でも、絵をズームアウトして全体を確認するクセをつけましょう。また、細かい装飾など描くときは特に拡大しがちですが、倍率500％まで行くとさすがにやりすぎです。ある程度経験を積んだら徐々に倍率の上限を落としてみましょう。どうしても描き込む必要があるところはともかく、そうでもないところまで描き込みすぎる必要はありません。描き込むところとそうでないところの差をつけると、絵はメリハリが出てよくなります。一本調子で全てを描くのはやめて抜くところは抜いてみましょう。線画も着色も同様です。

## バランスがおかしくならないための対策

### ちょくちょく全体を確認する

少し描けたと思ったら目と脳をリセットする意味でも全体を確認するくせをつけましょう。定期的に全体像を見て確認することが大切です。

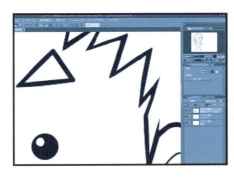

### メリハリを意識する

どうしても必要なところは除き、すべての箇所を細かく描きすぎる必要はありません。逆に描きこむところとそうでないところの差があるほうがメリハリが出て良い仕上がりになります。

- 目を休める意味でも適度に画面から目を離すことを意識しよう
- 目の疲労にはブルーライトカットメガネもいいかも？

# METHOD 60 ショートカットを使って楽をしよう

 **絶対覚えたい基本のショートカット一覧**

　デジタル作画においてはショートカットは欠かせない操作となります。でも、いきなり全部のショートカットを覚えるのは不可能なので、まずは最低限必要なショートカットから試してください。右ページによく使うものをまとめていますので、まずここから覚えていきましょう。

 **1回2秒の違い×30回の操作で1分の差につながる**

　メニューの［編集］→［取り消し］を選択するのと、ショートカットの「Ctrl+Z」は同じ［取り消し］の作業ですが、かかる時間が違います。例えば1回につき2秒の差があるとすると、30回で1分の差になります。それが積み重なっていくことで、作業効率に大きな差がついてきます。同じ作業なら短時間で簡単にできたほうが良いですよね。最初は「覚えるのが面倒」と思うかもしれませんが、後で必ず役立つのでショートカットは積極的に取り入れましょう。スムーズに絵が描ける状態を構築していくことは継続やモチベーションにも大きく影響します。また便利にショートカットを使いこなすためにはペンタブとキーボードの配置も重要です。無理な姿勢で続けていると疲れやストレスがたまってしまいますので環境作りは大切にしてください。

## ショートカットを駆使しよう！

よく使うショートカット一覧（クリスタの場合）

| | |
|---|---|
| Ctrl+S | （絵のデータを）保存 |
| Ctrl+Z | 取り消し（一度に複数回行うことも可能） |
| Ctrl+Y | やり直し（取り消しをする前の状態にする） |
| Ctrl+T | 拡大・縮小・回転（縦横比率は維持） |
| Ctrl+Shift+T | 自由変形、比率を維持せず変形できる |
| Ctrl+A | （キャンバス内で描かれた）すべてを選択 |
| Ctrl+D | 選択を解除 |
| Ctrl+C | コピー |
| Ctrl+V | ペースト（コピーの次に行うことが多い） |

ショートカットはメニューの右側にも表示されているぞ！忘れたらここで確認だ！

ショートカット

- まず上の表のものだけ覚えていったら大丈夫だ
- しっかり絵を描いていると自然に身につくぞ

## METHOD 61 　今より3倍上手くなる！選択・変形を自在に使いこなせ

### ✓ バランスを直せる利点を活かせ！

　［長方形選択］［投げなわ選択］など選択範囲を作成する機能を使って絵の一部を選択し、拡大縮小回転変形などで調整する。これが自由にできるようになると、緊張が減って描くときに肩に無駄な力がかからなくなります。デジタル最大のメリットは修正がいつでも何度もできる点ですが、描き終わった後からでも絵のバランスを変更ができることはより大きな利点かもしれません。使いこなせるようになれば紙に描くアナログ絵とはまったくレベルの違う絵が仕上げられるようになっていても別に不思議ではありません。

### ✓ まずは一箇所から、やがて全体に手を入れよう

　バランスの調整は修正したい箇所を部分的に選択し、変形や回転、移動して整えていく作業です。ただ、ある程度絵に慣れてからでないと、どう直していいかはよくわからないでしょう。絵の正解を導くためにはどうしても経験が必要です。なのでまずは太り過ぎたキャラを細くしたり、縦長になった顔を縮めたり、角度のおかしい手を回転して直すなど細部のみの調整からやるのがおすすめです。次第に全体的に手が入れられるようになっていきます。上手い人の絵も参考に、あなたの絵をより良い状態に作り変えていってあげましょう。

## 絵のバランスを調整する時のイメージ

[選択範囲]の[投げなわ]で
顔の周りをぐるっと囲む

「Ctrl+T」で
変形できる状態にし

顔全体を小さくし、
横幅を狭くします

体も同様の操作で
調整します

手をあげて、
鉛筆を小さくしてみたり

納得のできるバランスに
仕上げましょう

● バランスに失敗したラフなどで特に有効にはたらくぞ
● とにかく便利だから躊躇せずどんどん使っていこう

## METHOD 62　上達したいなら人に見せてダメ出ししてもらおう

### ✓ わたくしごとですが……

　筆者は19歳のときに漫画家を夢見て絵を描き始めました。週刊少年ジャンプを目指し投稿や持ち込み・アシスタントもしました。が、結局夢やぶれ、その後は遊技機のアニメーションを作る仕事につきます。漫画家を目指していたころは独学だったので最低限必要な技術や知識も随分中途半端でした。その後絵を描く仕事において初めて上司という存在ができたのですが、そこでそれまで一人で頑張ってきた（つもりの）自負を粉々に打ち砕かれました。

### ✓ 閉じこもっていたらあなたの絵の質は見えてこない

　漫画からアニメに移ったことで余計に難しかった部分もあるのですが、自分よりはるかにうまい人達の絵を間近で見て上司から強烈にダメ出しされて……。おかげでようやく目が覚めました。趣味で楽しく絵を描いているならいいですが、絵を仕事にしようとすると、人の目というフィルターを通した判断が必要になります。絵で生きていくには何をすればいいか？　技術が低いならせめて手の速さで補って……などさまざまなことを考えるきっかけとなりました。もし今より少しでも上手くなりたいと思うなら描いた絵はどんどん公開して人の感想をもらいましょう。1つの的確な批評は100の褒め言葉に勝ります。

## 絵を見てもらうために利用できる場

**SNS**
特にTwitterは個人の絵や漫画を気楽にアップロードできる雰囲気がある。うまくすればフォロワーが増えるかも？

**ブログ**
本書のテーマそのものだけど、少し描けるようになったら実践しよう。消したり再投稿も自在だからやりやすいぞ！

**pixiv**
大手投稿サイトで練習の成果をあげていくのもよし。ただ優しい人も多いから褒められすぎて調子に乗らないように気をつけよう

絵を第三者に見てもらうにはいろいろな場があるよ！
どれも気軽に始められるから積極的にどんどん利用しようね♪

- 徐々にニーズがつかめていくという利点もある
- 怖がっていたらなかなか成長できないぞ

## METHOD 63

# 独学は危険！ わかる人に聞いて成長への近道を進め

かつて独力で漫画家を目指していた筆者が自身の未熟さを自覚できたのは、漫画をあきらめて会社に入り確かな画力を持った上司に出会えたからでした。その人とは結局ウマが合いませんでしたが、確かな技術とスピードの速さには最後まで舌を巻くばかりでした。「何回生まれ変わっても俺はこんなふうには絶対なれないんだろうな……」と。

当初は自分の限界を思い知る日々でした。失望も多くありましたが、現実を突きつけられて意識を切り替えられたことで現在に至る部分は大きいので本当に良かったと思っています。

2015年8月末に【コンテアニメ工房】というブログサイトを立ち上げて、「ブログを書く」ということを初めて経験しました。一人手探りなので当然うまくいきません。他の人のブログを見ると運営報告なんかがあり、「今月は何万PV行ったー！」とかあってどうしたらいいのかと日々もがいていたものです。

突破口となったのが、とあるブログのオンラインサロンに参加したことでした。数多くの人と出会いながらブログの正しい書き方・サイトの運営法を学べたことで、1年後の卒業時にはサイトのアクセスは参加時の20倍以上に伸びていました。

デジタル絵でもブログでも新たに何か始めたいなら、同じような道で一歩二歩先を歩いている人に教えを請いましょう。独学でやっても遠回りになるだけです。一刻も早く成果につなげるためには、正しい道を進まないと意味がありません。努力がすべて報われるなんてことは残念ながらありません。無駄な努力を回避する努力をしましょう。

# Part 6

初心者を脱却して
その先を目指す秘訣と
絵のお悩み解消法

## METHOD 64 絵が上手い人の特徴を盗め！

###  成長の一歩は先行者を真似することから始まる

　絵の初心者ステージを卒業してその先に進んでいくには、技術以外に意識の面でも必要なことがいくつかあります。筆者はかつてスマホゲームの会社でアートディレクターとして働き、多くのイラストレーターさんの絵に赤ペン修正を日々行っていましたが、そんな中でも上手いと感じる人には共通した特徴がありました。もしあなたが少しでも成長したいと思うなら、まずは上手い人のやり方や考え方を理解して真似することから始めてみましょう。

###  あなたが必要な部分だけを盗んでいこう

　逆に言えば、そういったところに意識がいかないまま漠然と描いているだけでは、なかなか絵の上達にはつながっていきません。いま上手い人も昔は上手い人達を見て憧れて、さまざまな要素を盗んでいったからこそ上手くなったという事実を知っておきましょう。さらに上手い人ほど鍛錬を怠らないものです。なので中途半端なレベルに甘んじている人とはさらに差がついていきます。本書を読むあなたは必ずしもプロを目指すわけではないでしょうが、絵を描いて使う場合でも上手いに超したことはありません。だから実際に上手い絵を描いている人たちのやり方を、可能な範囲で取り入れていきましょう。

## 絵が上手い人の7つの特徴

❶ 慣れていても資料をしっかり活用する

❷ 画面の中での情報量のバランスが取れている

❸ 苦手な部分を他の優位点でカバーしている

❹ 才能のあるなしに頓着していない

❺ 常に新しいものを取り入れようとしている

❻ 既存の商業作品への敬意をはらっている

❼ 絵を描くことを心の底から楽しんでいる

基本をおろそかにしないこと、慣れたからって慢心しないこと、今が頂点とは決して思わずに成長を続けようとする姿勢が絵の上手い人にはしっかり備わってるぞ！

- 何も特別変わったことをする必要はない
- 才能云々より知識でカバーできる部分を活かしてみよう

## METHOD 65 絵を速く描く11のコツとは？

### ✓ 速く描けることは時に技術よりも重要となる

　プロが仕事で絵を描くときに、技術と同じかそれ以上に大事になるのがスピードです。いくら絵が上手くても、やたらと時間がかかって締め切りに間に合わないようでは仕事として成り立ちません。逆に言えば、ちょっとくらいの技術の低さをカバーできてしまえるのが手の速さです。別にプロに限ったことではなく、あなたが今後自分で絵を描いて使うためにも重要なことです。日々の忙しさの中で絵を描き、継続できるかどうかにつながる部分だからです。1枚のイラストを描くのに丸1日かけていてはとても絵を使う発想は実現できません。効率よく描くことを徐々に確実に心がけていきましょう。

### ✓ 速く描く方法を意識的に取り入れる

　速く描くコツは、大きく「準備」「技術」「練習」の3つに分かれます。これまで気にしていなかったことがあれば、率先して試してください。絵を楽しく描いていくためにも最低限のスピードを出せることは大切です。慣れでクリアできる部分もあれば、心がけて努力をしなければならないこともあります。絵を描いて使うこと、それを継続するためには楽な状態であることが理想です。今後の楽のために、ぜひ右ページのコツを確認しておいてください。

## 速く描くための11のコツ

**準備**
- 集中力を疎外するものを目の前から遠ざける
- 描き出す前にイメージを固めて途中で悩まない
- アナログからデジタルに移行する
- ショートカットを使いこなす
- 描きやすくするデバイスを使う

**技術**
- 長いストロークで線画を描く
- 描き込む・省略する部分のメリハリを出す
- 完璧主義をやめて適度な割り切り方を覚える

**練習**
- 先をイメージしながら描く
- 時間を区切って描く訓練をする
- とにかく経験値を積む

「準備」「技術」「練習」それぞれの部分のコツを知ってスピードを上げていこうね♪

- まずはやれそうなことから取り組んでみよう
- あなたなりの「型」が作れるとどんどん楽になっていくぞ

## METHOD 66　今どきの便利な道具は積極的に活用しよう

### ☑ 時の流れとともに拡がりゆくデジ絵の世界

　一昔前、デジタルで絵を描く道具といえば「デジ絵3種の神器」である「パソコン」「ペンタブ」「ペイントソフト」でした。でも現在では「アプリ」「タブレット」など時と場所を選ばず自由なスタイルで絵を描くことが可能です。出先で描いたスケッチのデータをクラウドに保管して続きは家のパソコンで仕上げたり、寝っ転がりながら絵を描いたり……。2017年末に発売されたクリスタのアプリ版を使えばしっかりした漫画でさえiPadなどのタブレットでどこでも描けるようになりました。

### ☑ 基本を押さえつつ応用にも挑戦していこう！

　サイト【コンテアニメ工房】では「デジ絵3種の神器」のノウハウを多く伝えていますが、これがデジタル絵の基本になるからです。「パソコン」で「ペンタブ」と「ペイントソフト」を使って描くことがわかれば、いずれ他のツール、例えばタブレットで描こうとしたときも意外とあっさり進められます。でも逆だと戸惑うことが多くなるはずです。基本さえわかれば、その先の応用は簡単にできます。なので最初はぜひ基本から始めてみてください。そして興味が出てきたら気になるものを試してみましょう。絵の世界が一気に開けていくはずです。

## デジタルお絵描き今昔物語

1

むかしむかし、デジタルお絵描きには
「デジ絵3種の神器」が必須でした

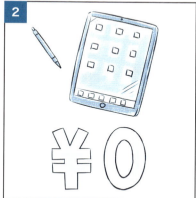

2

でも現在はアプリやタブレットで
いつでもどこでも描くことができます

3

ですが基本を知らないでやると
いずれ壁にぶつかってしまいます

4

なので最初は「デジ絵3種の神器」で
基本を理解しておきましょう！（完）

- 基本がわかってさえいれば応用は意外と簡単なんだ
- 食わず嫌いはやめて新しいものもいろいろ試してみよう

# METHOD 67 イライラしたときはヘタクソだったころを思い出そう

## ✓ 絵の成長は階段を1段1段上がっていくようなもの

　絵を描いていてイライラすることも多いと思います。ポーズや構図のアイデアが出ない、絵のレベルの低さにゲンナリする、失敗したときの不安で怖くなる、うまくいかないことが蓄積してつらい、楽しく描けない、しんどい……などいろいろあるでしょうが、すべてはあなたが次のステップに進むための階段に差し掛かってるからと考えてみるのはどうでしょう？　絵のような技術とセンスが絶妙に入り交じる分野は、階段を1段ずつ上がりながら成長していくものです。少し成長したら停滞し、ある日突然壁にぶち当たって乗り越えた先に新たなステージが拡がる……。そんなことを繰り返しながら少しずつ伸びていくのが一般的です。ある日突然、驚くほど上手くなるなんてほぼありません。

## ✓ 絵を描くことはあなたにとって何なのか？

　イライラは成長の証しであり、今のレベルに満足できなくなった証拠です。上達し己の未熟さがわかるようになったからストレスがたまってしまうのです。正しく成長の過程を進んでるわけですが、しんどいときは昔を思い出してみましょう。何も描けなかった頃と比べれば、今のあなたははるかに上手く描けているはず。たとえ成長が遅くても少しずつ前に進んでいます。信じて頑張りましょう。

## 絵のイライラを解消できる5つのコツ

❶ 自分の昔の絵を見返して上達を噛み締めよう

❷ 目標は「頑張れば手の届きそうなところ」にしよう

❸ 「絵を描かねば」という強迫観念は捨てよう

❹ 悩んだときには1つ1つ解消していこう

❺ どうしてもしんどいなら少し絵から離れよう

ひたすらあがいて解決するか
距離をおいて冷静になるか
2つに1つだ!
いつもやってる方法がダメなら
たまには逆の方法で
試してみるといいかも?

● たまには自分の成長を見つめて認めてあげよう
● あまり思いつめすぎず、適度に気分転換も取っていこう

## METHOD 68 構図やポーズが思いつかないときの打開策

### ✓ アウトプットするにはまずインプットから

　構図やポーズは蓄積が浅い段階ではパッと思いつくのは難しいはずです。そんな状態でただ漫然と浮かばない浮かばない……とモヤモヤしても何も出てきません。基本的なことですが、まずインプットをしてからアウトプットしていきましょう。イラストでも漫画でも実写映画でも構いません。あなたの好きなものを見ていいなと思うものを真似することが第一歩です。気になったものがあればメモしたり、ノートに手描きラフを描いたりするのもいいでしょう。ゼロから生み出せるイメージというのは残念ながらそんなに多くありません。まずはしっかり吸収して、吐き出せるための情報を増やしていきましょう。

### ✓ 上手く描きたいなら参考資料を使おう

　構図やポーズはプロのイラストレーターでも常に悩む部分です。そして下手な人と上手い人の差がハッキリしています。上手い人は資料を最大限活用し、記憶だけに頼った描き方を極力減らしています。プロでない人が上手く描きたいと思うなら、なおさらプロ以上に参考資料を使うべきです。ただしそこまでの絵が必要ない場合はいかに効率よく描けるかを重視してください。いかに楽して描くかを考えることは、非常に大きな分岐点となってきます。

## 絵を描くために役立つ参考資料と着目点

**イラスト**
その構図にはどんな意図があるのか？
そのポーズでどんな感情を伝えたいのか？

**漫画**
背景の意味は何か？
フキダシだけのコマは
読者にどんな印象を与えているのか？

**映画**
シーンとシーンのつなぎ方はどうなってる？
誰の目線で見せたがっている？

……などなど

> たくさん資料を使おう！
> 思い込みだけでモヤモヤしたって
> 何も始まらないよ？

- 多くをインプットしてからアウトプットしていこう
- 資料を使うのは恥じゃない、使わないほうが恥と考えよう

# METHOD 69 絵を描くのが面倒くさくなる理由と対処法

## ✓ ついつい描く手が止まる5つの理由とは？

　最初は結構好きだったはずなのに、描くことを面倒くさいと感じてしまう瞬間があります。その理由と対処法を右ページで紹介していますので、あなたに当てはまるものがあればぜひ対処法を試してみてください。

## ✓ 絵におけるあなたの最終目的を常に確認しよう

　絵を描いてブログに使うにあたり、描くことを面倒と感じてしまうと致命的です。あくまでも絵はあなたの情報発信を助ける補助要素であり、メインではありません。その辺はぜひ割り切って考えましょう。たしかに絵は上達に従い求めるレベルも上がっていくものですが、あなたにとって絵の上達が目的なのか、あくまで絵の使用は手段なのか、くれぐれも見失わないようにしましょう。上達が目的なら技術を上げることに専念すればいいですが、後者なら手を抜けるところを最大限探してみるべきです。少し描けるようになったときの「もっと上手くなりたい」気持ちはもちろん当然です。でもただ愚直に1からデッサンに取り組んでいく必要はありません。絵をブログで使うことが目的であれば、画力云々よりも読者を楽しませる方法を考えましょう。あなたのゴールが何かをしっかり認識した上で進めていくようにしてください。

## 面倒くさいときの理由と対処法

描いても描いても上達しないよ……

「技術の向上」と「楽しさ」を分けて考えたら？

ついつい他人の絵と比較しちゃうんだよ！

最初の目的を思い出して！
悩みは上達の証しと考えようよ！

○○さんみたいに上手くなりたいけど
全然うまくならなくて笑うわーｗ

いちいち他人と比較しないで違いを楽しもうよ♪

速くうまくなりたいけど
全然うまくなってる気がしないよ？

日々の絵の練習を記録してみようよ！

絵を描くことが義務みたいに
なってきてつら～い……；；；

遊びだと考えて肩の力を抜いてみようよ♪

- 画力はあなたの目的にかなうレベルが身につけばいい
- 楽して最大の成果を生みだすことを戦略的に狙っていこう

## METHOD 70　絵を描くモチベーションが またメキメキ上がる7つの方法

### ✓ 誰にでも存在するモチベーション問題と原因

　絵を描くにあたってのモチベーション問題は、初心者でも上達してからでもつきまとい続けます。逆に言えば絶対に存在するものなので、気にしすぎないほうがいいものでもあります。そもそもモチベーションが下がってしまうには大きく4つの原因が考えられます。

❶ 自分よりはるかに上手い絵を見て心が折れた
❷ 練習的なことをし過ぎたせいで疲れた
❸ 絵を描く目標がよくわからなくなってしまった
❹ 頑張りが認められず、低い評価ばかりされてしまう

### ✓ 楽に描いていく姿勢を大事にしよう！

　モチベーションが上がらないときの改善方法を考えてみましょう。まず最初にやるべきことはモチベーション低下の原因を探ることです。そこがハッキリしないことには改善がはかれません。先の4つの中に思い当たることがあれば、どう対策すればいいか考えて冷静にあなたの現状を見つめ直しましょう。絵を描く理由は人それぞれでどこまでやるかも目標次第です。追い込みすぎず、楽しんで描くのが長く続ける最大のコツですよ。

## モチベーションを上げる7つの方法

- 絵を描き始めたきっかけを思い出そう
- 描き始めた絵は必ず最後まで完成させよう
- 集中力を削ぐものを遠ざけよう
- 絵の価値観を共有しあえる環境に入ろう
- 絵を描く上でのライバルを作ってみよう
- 絵を描く目標を忘れない仕組みを作ってみよう
- 自分へのご褒美を用意しておこう

- ●小さな悩みが積み重なり大きな悩みになってる場合も？
- ●あえて絵から少し時間と距離をおいてみるのも大事だ

## METHOD 71　絵の初心者が上手く見せるためのコツとは?

 ### 「見せ方」「感情」にめいっぱいこだわろう

　初心者でも工夫次第で上手く見せることができます。それは「見せ方」「感情」「仕上げ」を意識することです。まず見せ方は「どうキャラクターを配置するか?」「どんなポーズで、どんな構図で描けば意図が伝わりやすいか?」「どんな衣装や装飾ならキャラの魅力が増すか?」以上3点に気を配りましょう。絵を描くうえで目指すゴールに必要な要素を考えます。2つ目の「感情」で重要なのはキャラクターの表情です。顔全体でも目などのパーツでも表情要素はそこかしこに存在します。今の顔は最適なのか、深掘りしていきましょう。

 ### 「仕上げ」に気を配るかどうかで全てが決まる

　そして意外と侮れないのが「仕上げ」です。ここでは絵を描く工程としての線画・色や最終的な調整までを含んでいますが、あなたがどれだけ丁寧に作業したかどうかで完成した絵の印象は全く違ってきます。画力的にまだまだでも仕上げがしっかりしているとそれだけで印象は良くなりますし、逆にいくら画力があっても雑な仕上げでは絵のイメージは低下してしまいます。最初はあまり余裕がないと思いますが、少しずつ気を配っていけるようにしましょう。雑さを味にするのも一つの手ですが、狙ってやるには技術とセンスが必要です。

## 上手く見せるためのコツ

**レイアウト**
背景付きの絵なら
奥行きや拡がりを感じさせるようにしよう

**ポーズ**
魅力的に見えるポーズを考えよう
3Dアプリのデッサン人形なども有効だ

**構図**
商業作品を参考に、真似しながら吸収しよう
可能ならアオリやフカンも取り入れよう

**表情**
何より気合いを入れるべき部分は「目」！
眉の傾きや口の大きさなど細部もこだわろう

**衣装・装飾**
ギャップも時には有効
古臭くならないように流行も意識しよう

**仕上げ**
強弱のある線か、均一な線かを選ぼう
色はメリハリをつけてうるさくなりすぎないように

- ていねいな仕上げはもっとも重要だ
- 多くの絵を見てあなたの中の情報を常に新しくしていこう

## METHOD 72

# プロを目指さないからこそ
# 楽して効率よく描くことにこだわろう

筆者は19歳の頃に漫画家を目指して絵を描き始め、数年後、夢に挫折してからは長年にわたり絵を描く仕事をしてきました。個人事業主として2015年春に独立する直前にはスマホゲームのアートディレクターとしてイラストの監修作業をしていました。

絵の仕事をしていると次第にわかってくるのが、自分自身の絵の実力と上限です。残念ながら筆者はレベルの高い方ではないと早い段階で自覚できたので、そのときからは画力向上以上に「いかに速く仕上げるか？」「そのためにできることは何か？」といった、効率よく仕事を進める部分に重きをおくようになっていきました。たいした力量のない自分が絵の仕事の世界で長く生きていく唯一の方法と感じていたのでしょう（アーティスト的なノリが皆無な、サラリーマン気質の絵描きだったと思います）。

効率よく絵を描くことに重点をおいた絵のマニュアル本というのは、おそらく過去ほとんどなかったはずです。それは基本的にどの書籍も「絵の上達が目的」だからです。本書はあくまでも絵を描いて「使う」部分を大事にしています。ブログやビジネスなど、あなたの目的のために絵を描いて使って欲しいと考えています。そして絵をツールとして使うなら大事なのは「効率」です。

**効率よく最低限必要なことを理解し、**
**効率よく上達する方法を知って、**
**効率よく最大限の成果につなげていく。**

プロでなくても絵を活用している人は一定数いますが、一方で絵という手段を知らないだけで損している人も多くいます。下手でもかまわないので、情報発信に絵をそえてみてください。きっとそれまでよりもはるかに多くの人に見て受け取ってもらえるはずです。プロを目指すわけでないからこそ、なるべく楽に成果につなげるための思考をぜひ大事にしていってください。

# 【COMICSの法則】
## デジタル絵を効率よく魅力的に描き続けるための6つの鍵

Part 7

# METHOD 73 【COMICSの法則】とは？

##  速い！簡単！人気！……を追い求める必要がある

　デジタルで絵を描いてブログに使うときに、特に大切な要素が3つあります。「速い、簡単、人気」です。ブログによる情報発信で最も大事なのはあくまでも記事本文です。それを引き立てるための表現や演出・装飾が「絵」です。であれば、絵に過剰な制作時間をかけては本末転倒です。そのため、絵はあなたが描きやすいレベルである必要があります。そしてせっかく描いた絵で人目を引き付けられず、逆に鬱陶しがられては意味がありません。「速い、簡単、人気」を実現するために役立つのが【COMICS（コミックス）の法則】です。

##  デジタル絵を使うための【COMICSの法則】

　本書完全オリジナルの【COMICSの法則】とは「Character（キャラクター）」「Originality（独自性）」「Materials（素材）」「Impact（インパクト）」「Combination（組み合わせ）」「Simple（シンプル）」の頭文字を取ったものです。「速い、簡単、人気」を実現するにはこの6つの要素が欠かせません。既にあなたがブログに絵を使っているなら、照らし合わせて不足要素を見つけてください。何が何でも6つ全てを満たさないといけないわけではないですが、より良くするための基準として役立てていってください。

## 【COMICSの法則】を理解しよう！

**C** Character（キャラクター）
メインのキャラクターを予め用意する

**O** Originality（独自性）
キャラ絵にフリー素材は使わない

**M** Materials（素材）
使いまわせる素材を確保していく

**I** Impact（インパクト）
自分だけの世界観を作っていく

**C** Combination（組み合わせ）
絵だけじゃなく他のものとも組み合わせる

**S** Simple（シンプル）
余計な設定を付けない

- 絵を使うときは漠然とではなく戦略的にやる必要がある
- 回り道しないためにも【COMICSの法則】を利用しよう

## METHOD 74 【Character】メインのキャラクターを用意する

### ✓ サイトを表すシンボル的なキャラを用意しよう

　ブログで絵を利用するときに最も重要なのがメインキャラクターです。ブログの方向性に合ったイメージキャラでも、あなた自身の似顔絵キャラでも構いません。サイトを代表するキャラを最低一人確立させましょう。何度か目にすることで読み手にキャラが刷り込まれます。再び訪れたときも「あーあのサイトか」と思い出して親近感が高まります。TOPやヘッダー画像のほか、ブログ記事内でもアイキャッチや会話アイコンで積極的に使うと効果的です。

### ✓ キャラクターを固めておくメリット

　ブログアイキャッチに絵を描く場合、毎回違うキャラを描こうとするとかなり面倒です。日によってクオリティに差が出る上、「絵がある」ということ以外で共通点が出しにくく、ブランディングにつなげにくいデメリットを抱えてしまいます。でもメインキャラが一人いればそれを描けばいいので、いちいち悩むこともなくなります。同じキャラを描き続ければ慣れるので描く時間も短縮していけます。見ている側もそのサイトのキャラとして「なんとなく」認識していきます。この「なんとなく」というのが意外と大事で、押し付けすぎずそれとなく存在を感じてもらえることこそがサイトのイメージキャラの大事な任務です。

## 例：【コンテアニメ工房】のメインキャラクター

2015年サイト立ち上げ時
アニメプロフィールムービーが
メイン商品だったため
新郎風の衣装で作成

2016年春、
絵のブログサイトに
フルリニューアル
するため衣装を変更

2018年1月、
本書の執筆に伴い
表情パターンが必要で
併せて衣装も変更

初代

2代目

3代目

このキャラは「コンテ　アニオ」という名前以外あえて何も設定を決めていません。そのため、毎回自由に絵を描けています。あくまでブログを引き立てるための存在に徹し、文を読む邪魔になったり読み手の頭をムダに浪費させない配慮を常に心がけています

- メインキャラはちょっとしつこいくらいに使っていこう
- あえて没個性気味にしておくと使いやすくて便利だ

## METHOD 75 【Originality】 キャラ絵にフリー素材は使わない

### ✓ 商用フリーのイラスト素材の罠

　絵をブログに使うとき、ふと頭をよぎるのが商用フリーのイラスト素材を使うことです。有名な「いらすとや」などはユニークな画像も多く使い勝手もいいので、あちこちのブログや商材で見かけると思います。しかし本書では既存のイラスト素材を使うのはおすすめしません。「どこでも見る絵を使っているブログ」と読み手に認識され、ブランディングにつながらないばかりかマイナスイメージにもなりかねないからです。方法としては非常に楽ですが、わざわざ本書を手に取って読んでくれているあなたには極力使わずにいて欲しいところです。

### ✓ 差別化→独自性→ブランディングへ

　ブランディングにつなげるにはあなたの独自性が含まれていることが必須です。絵のタッチでもいいですし、セリフと合わせて感じる雰囲気でも構いません。ブログで絵を使う目的は、他のサイトとは見た目の印象から違うと感じさせてファンになってもらうことです。そのためにはあなたの描いたオリジナル絵が絶対に必要です。既視感のあるものは基本的に控えましょう。差別化の先に独自性があり、独自性を突き詰めることでやがてブランド化へとつながります。あなたの目的が何で、そのために何をすべきか忘れずにいてください。

# ヘタだっていいからオリジナルで攻めろ！

●アイキャッチ

1はアイキャッチ描き始めの頃です。
どの程度の質にするか模索していました。
作業時間や見栄えを考慮し、
現在の4くらいの基準へ落ち着きました

●図解

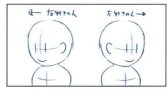

ブログ本文中の説明図解です。描き込みすぎて自分が疲れない程度に、
見る人が分かる範囲で描けるように心がけています

- ウマすぎても逆にただの素材に見えて損することも？
- 模索しながらあなたなりの基準を作っていこう

## METHOD 76 【Materials】使いまわせる素材を確保していく

###  一度描いた絵はあなただけの素材となる

効率よく絵を描いて使うには過去に描いた絵を素材として使い回すことも重要です。筆者の【コンテアニメ工房】でもブログのメインアイキャッチは毎回新規で描いていますが、記事内に使用する画像は過去に描いた絵を使いまわしています。最初にメインキャラを設定しているため使いまわしがしやすくなっているわけです。あなた自身で描いた絵はあなただけのオリジナル素材というストック財産です。積極的に活用していきましょう。

###  背景は積極的に素材を活用しよう

キャラはオリジナルに限りますが、キャラの背景はフリー素材をどんどん活用しましょう。ブログ絵の背景に関しては見る人はそれほど気にしてません。頑張って描いても特に意味のない部分に労力をかけるべきではありません。「イラストAC」の有料会員になったり、クリスタの背景素材を使えばキャラ絵の後ろに背景素材を組み込めばアイキャッチは完成できます。実は背景はそれほど気にされないにもかかわらず、しっかり描けていないと質の低さが目立つ部分でもあります。ならば逆に素材を使ってサクッと済ませましょう。「速い、簡単」を成立させるためには使える素材は積極的に使うのが肝心です。

## 素材使い回しとアイキャッチの背景について

ブログ記事用に描き下ろしてアイキャッチに使う際は文字や黒帯・ロゴを載せていますが、あとで自由に使いまわせるよう絵だけの状態の画像もJPEG形式で保存しています

キャラの後ろの雲や教室の風景は商用フリー素材を使用しています

自分で撮影した写真を背景素材に使うこともあります

- ●印象がかぶらないようにいろいろなパターンの画像を使おう
- ●素材使用時は利用規約をしっかり確認しておこう

# METHOD 77 【Impact】自分だけの世界観を作っていく

## ✓ リサーチによってあなただけの方法を見つけよう

　他サイトと差別化するためには、あなたにしかできない世界観を構築していくことが必要です。そのためにまずは競合になりそうなブログをリサーチしましょう。競合を知ったうえで、絵自体の印象やトータルでかもしだす雰囲気、他がやってないことで自分がやれそうなことを見つけて全力で追求しましょう。一切手加減はせずに、他の追随を許さないレベルでやりきりましょう。それにより魅力やインパクトがアップし、覚えてもらえる可能性が高くなります。中途半端では印象に残りません。やる限りはとことん突き詰めましょう。

## ✓ メリハリを忘れず、使いどころを考えよう

　徹底的にやりきることも大事ですが、「メリハリをつける」ことも意識しましょう。記事内に絵がありすぎると読みにくい場合があります。絵の使いどころを決め「ここぞ」という部分だけに入れ、抜くところは抜きます。絵がありすぎると絵の効果自体が薄まってしまうためです。メリハリを意識しながら続けることで次第にあなただけの「型」が作られていき、見る人にあなたのサイトのイメージが残っていきます。もちろん中にはその型がハマらない人もいますが、全員に好かれる必要はないので好んでくれる人に気に入られることを目指しましょう。

## 【コンテアニメ工房】の型はこうなっている

h2の見出しのあとに
イラストのアイキャッチを挟んで
段落が変わった感じを
演出する

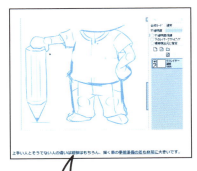

絵の描き方の記事では
難しいところにgif画像で
動画説明を加える

追加の解説や個人的見解、
自嘲気味なツッコミを
入れたいときには
顔アイコンつきの
吹き出しでつぶやく

- アイキャッチは目を休めたり一拍おかせる効果もある
- メリハリを意識して自分だけの「型」を作っていこう

## METHOD 78 【Combination】絵と他のものを組み合わせる

### ✓ 絵+αでさらに魅力を引き上げよう

「表現する」ということに限れば、絵の力は絶大です。読み手一人ひとりが想像力で補完する文章と違い、絵は確実に印象を固めて自由な想像を許さないので望んだ方向に意識を導くことができます。だからといって、絵だけで完結させる必要はありません。文章や文字、漫画、動画、写真など、いろいろなものと組み合わせて使えばさらに効果を引き上げることが可能です。今のブログはYouTubeなどの動画やSNSの投稿を引用したり、gif画像で短い動画も簡単に挿入できます。何でもできる環境である分、何もしないままだと損していることにもつながることを覚えておきましょう。

### ✓ 最初に決めつけすぎず、客観的に判断しよう

絵+αという見せ方によって、単独ではムリだった相乗効果が生まれることもあります。絵の扱いに慣れてきたら新たな展開もぜひ考えていきましょう。他サイトでやってないことができれば、それはあなたの独自性となりブランディングにつなげていけます。右ページで紹介していることは早い段階から取り組めるので、やれそうなものから試してみましょう。一見無理と思っても方法が見つかる場合があるので、広い視野で考えていきましょう。

## 絵と組み合わせができるものの例

**文字**
アイキャッチにキャッチコピーを加えたり、複雑なことを説明する際に補足説明を入れることで、見る人にわかりやすく伝えることができます。

**漫画**
漫画はイラスト以上に読み手の目を強引に引き付けるので新商品説明などにも大きな効果を発揮します。

**動画**
ノウハウや機材の操作説明は動画のほうがわかりやすいことが多いです。さらに適宜絵を加えて見やすくすることもできるでしょう。

**会話**
テンポ良く見せたかったりコミカルに伝えたいときに便利です。ただしよく使われる手法なので今や新鮮味はありません。多用しすぎて見づらくならないようにしましょう。

絵を使うことに慣れたら他にどんなものと組み合わせられるか考えよう！意外なところにすごいヒントがあるかもしれないぞ!?

- いろいろなサイトを見て研究することが大切だ
- 手間がかかりすぎるものは費用対効果で判断しよう

## METHOD 79 【Simple】余計な設定を付けない

### ✅ 絵の世界観によって見る人を阻害しないように！

知りたいことがあるとき、キーワード検索することはよくあると思います。上位表示された記事の中で気になったものを開いて読み進めると、よくわからないキャラクターがいて独特なノリの会話で妙な世界観をかもし出していたら……。そっとブラウザの「戻る」を押して離脱するのではないでしょうか。絵やキャラは表現や演出として大きな効果がある反面、一見さんを置いてけぼりにしてしまう恐れも持っています。対策としては極力余計な設定は付けず、バックボーンも想像させず読み手に妙な印象を与えない気配りが必要です。独自の世界観も大切ですが、押しつけになると逆効果になるので気をつけましょう。発信において「あとから考えてわかるもの」には意味がありません。読み進めつつ瞬時に理解してもらうために絵を使うと考えて進めましょう。

### ✅ 不必要なパーツはどんどん削っていこう！

オリジナルの絵はあなた自身が描きやすいようシンプルなデザインがおすすめです。変な手間がかからないようにしておくのも継続の秘訣です。楽に速く描けるよう、デザインした後もいらないものは削ぎ落としてブラッシュアップしていきましょう。人気のあるキャラほど造形はシンプルだったりします。

## 一見さんが引く(かもしれない)ポイント

- 必要以上に設定を感じさせるビジュアル
- 読みにくい奇抜なキャラ名
- 前を読んでいないとわからない会話のノリ
- やたら前時代的なデザイン
- ブログの内容とそぐわない雰囲気
- 文章以上にあまりに多すぎる絵
- 目に刺さりすぎるどぎつい色使い
- やたらメタ的な記事の構造

> 他と大きく違うことだけが個性だと思うと危険だよ！まずは他と同じラインに立った上で、あなただけの要素を加えていこうね♪

- マニアックすぎる設定は足を引っ張るだけになることも？
- 絵が発信したい情報の妨げになってないか常に検証しよう

# METHOD 80 【COMICSの法則】の使い方とチェックリスト

 **【COMICSの法則】を最大限活用する手順**

ブログでオリジナルのキャラを用意して使用したい場合は、以下の流れで進めてみましょう。

❶ ブログのテーマに沿ってキャラクターデザインを考える
❷ 複数のデザイン案を作ったうえで絞り込む
❸ 【COMICSの法則】にのっとっているか精査する
❹ 実際に使用してみて気づいた点があれば改善する

 **完成することはないと思って改善を繰り返そう！**

【COMICSの法則】にのっとっているかは右ページのチェックリストも参考にしてください。大事なのは「魅力的なデジタル絵を効率よく描き続ける」ことです。その目的にそぐわないものは潔く削除するという判断が必要です。判断する力は実際にブログを運営していくことと他サイトのリサーチによって養われていきます。ブログに絵を活用し始めたときがあなたにとってのスタートです。最初から完璧になんて誰にもできません。ブログは文章もデザインも後で変更できるメディアなので、まずは公開して、その後見えてきたことから必要に応じて調整していきましょう。

## 【COMICSの法則】チェックリスト

- [ ] 将来的なブランディングに繋がるか？
- [ ] ヒトマネだけで終わってしまっていないか？
- [ ] いつでもすぐ描けるデザインにできたか？
- [ ] あなたらしさが盛り込まれているか？
- [ ] ブログを離れても使用に耐えうる見た目か？
- [ ] 一見さんが引かないノリか？
- [ ] 「速い、簡単、人気」を目指していけそうか？

【COMICSの法則】を
しっかりおさえていけば
遠回りせずに結果を
出していけるはずだ！

- やり方は無限、思いついたことは積極的にトライしよう
- 読み手に役立つことを読みやすく発信していくのが基本だ

## METHOD 81

# コンテンツ・マーケティングの落とし穴

「コンテンツ・マーケティング」という言葉があります。「Webサイトやブログでコンテンツを戦略的に使ってマーケティング活動を行うこと、またはその手法」を意味する言葉で、Webマーケティングにおいて重要視されています。ちなみにこの「コンテンツ」とは、紹介・販売したい商品のために用意した文章や絵・データなど全てを指しています。

ブログ運営は自分で用意したコンテンツで情報発信をしていきます。そのため「コンテンツ・マーケティング」が他と違う切り口でできているかが非常に重要となります。もしあなたが絵やキャラで面白い見せ方をしていてそれによってアクセスを集められているなら「コンテンツ・マーケティング」の要素を自然にやれていると言ってもいいでしょう。

ただし「コンテンツ・マーケティング」にとらわれすぎて、他の人と変わった表現や演出で見せることばかりにこだわると危険です。純粋にブログで書いている文章自体が既にコンテンツなので、さらに過剰な装飾で着飾ることは文章の存在感をどんどん弱くしていくことにつながりかねないからです。

デジタル絵を自由に使えるようになるとコンテンツを作ること自体が楽しくなり、つい多用しがちです。絵があふれすぎると逆にインパクトが薄れていきます。そしてそれは「コンテンツ・マーケティング」でも同様です。

大切なのは伝えたい、届けたい情報発信の部分です。情報発信を最大限惹き立てるための【ブログ×絵×ブランディング】であり【COMICSの法則】です。面白いからとやりすぎて「コンテンツ・マーケティング」の渦に溺れてしまわないよう、メリハリを付けながら活用してみてください。

# Part 8

## キャラクター・マーケティングを駆使せよ！

## METHOD 82 「キャラクター・マーケティング」を個人ブログに取り入れよう

### ☑「キャラクター・マーケティング」とは？

　ある調査によれば「キャラクター」という存在に不快感を抱く人は1割ほどしかいないそうです。それくらい日本にはキャラクターという存在・概念が根付いています。日本の文化的側面や漫画・アニメの発展も大きかったでしょう。近年は大手企業によるキャラクターを活用したマーケティング活動が目立っています。「キャラクター・マーケティング」は比較的新しい言葉ですが、要はキャラクターを会社の広報窓口などに使い顧客との親和性を高めることを指しています。企業以外でも、個人がブログにオリジナルキャラクターを使えば同じことです。「セルフブランディング」と併せて積極的に活用しましょう。

### ☑キャラを作る前に練り込み、作ってからが真のスタート！

　各地のご当地キャラの成功もあり最近は多くの企業がイメージキャラクターを採用しています。しかしキャラクターは作るだけではなく、いかに展開させていくかが重要です。個人の場合はあなたと一緒にキャラも成長していくと考えましょう。キャラクターの存在は、あなたがブログやビジネスに込めたい戦略的な思考や苦労を、ダイレクトに読者には見せないオブラートの役割を果たしてくれます。キャラクターはあなたのブログパートナーとして育てていきましょう。

## キャラクターの効果とメリット

見た人に
覚えてもらえる

イメージアップ
が図れる

親しみやすさを
感じてもらえる

ファンが増える

ブランディングに
つながる

絵なので
改善や調整が
しやすい

ブログと
切り離しても
利用できる

運用者と
同一視される
場合も？

キャラの認知度が
上がればこんな
応援レターが
もらえることも

※【コンテアニメ工房】宛てに実際に届いたものです

- あなた自身でキャラが作れたら展開はものすごく楽になる
- 難解なメッセージもキャラを通すとうまくいくことも？

## METHOD 83　まずは自分の似顔絵から「キャラデザ」してみよう

### ✓ キャラクターデザインができないならまず似顔絵で！

　ブログで絵を利用するときに最も重要なのがメインのキャラクターを用意することです。ブログの方向性に合ったイメージキャラでも、あなた自身の似顔絵キャラでも構いません。サイトを代表するキャラを確立させましょう。読み手にキャラの印象が刷り込まれると、再び訪れたときも「あーあのサイトか」と思い出して親近感が高まることがあります。TOPやヘッダー画像のほか、ブログ記事内でも会話アイコンとして定期的に出していくと効果的です。

### ✓ 「キャラデザ」の例

　筆者のサイト【コンテアニメ工房】では完全オリジナルの全身似顔絵イラスト【キャラデザ】を受注制作しています。複数の表情パターンを用意しているため、ブログの会話アイコンやSNS、ブランディングにも役立つツールとして大変ご好評いただいています。似顔絵キャラのデザインで特に大事にしているのは「個性を取りこみ再現すること」「愛嬌あるデザイン」の2点です。でないとわざわざ使う意味はなく、逆効果になってしまうことさえあります。ブログを読む人にあなたがどんな人だと思ってほしいのか、キャラクターを用意することの目的は何なのかをしっかり意識しながらデザインしましょう。

## 【キャラデザ】の利点を参考にしてみよう！

顔や髪型のほか、衣装でも職種や特徴をアピールすることができます
不特定多数の人に伝えたいあなた自身を絵に込めてみましょう

ノーマル　　笑い　　驚き
汗　　怒り　　悲しい

表情も複数用意しておくと伝えたい感情に合わせて使い分けできて便利です

- 似せつつも可愛く愛嬌がある方向性を模索しよう
- 他の人にないあなたらしさを個性として盛り込もう

## METHOD 84 似顔絵イラストを上手く描くコツ

### ✓ 似顔絵キャラを描くときの9つのポイント

　一口に似顔絵と言ってもいろいろありますが、ここではブログに使いやすい低頭身のイラストを例に進めます。魅力ある似顔絵キャラに仕上げるためには次のポイントを意識してみてください。

① 自分のキャラクター性を投入しよう
② 複数の写真や鏡も見ながら描こう
③ 自分にしかない特徴を見つけ出そう
④ 目立つ特徴は誇張しよう
⑤ 髪型と輪郭は特に再現度を高めよう
⑥ 選択変形でバランスを整えよう
⑦ よく着る服でデザインしてみよう
⑧ よく使う小物も取り入れよう
⑨ さまざまな状況で使えるように全身で作っておこう

　デジタルだと後からパーツごとのバランスの調整をすることができます。写真や鏡を見ながら各パーツの位置、輪郭からの距離、口や鼻の大きさ、目と鼻の長さの比率、眉の太さ・角度など、細かい箇所も丁寧に調整して似せていきましょう。

## 顔を似せるために気を配るべきポイント

**位置**
目鼻口を輪郭内の
どこにおくか

**大きさ**
パーツは正しい
大きさか、絵として
不自然でないか

**距離**
輪郭や額からの距離や
パーツ同士の距離が
おかしくないか

**比率**
それぞれのパーツの
比率は正しいか

**傾き**
タレ目かつり目か？
口角は？
眉の傾きは？

● 作品例

結婚記念のためフォーマルな
和装の衣装に

「BBQ好き」という特徴を肉を
持たせることで表現

- 顔の長さや幅をちょっと変えるだけで一気に似たりすることも
- できるだけ好感を持たれそうなデザインを目指そう

# METHOD 85 好かれやすいキャラクターのポイントを知っておこう

 ## 人気キャラに共通するポイント

　一般的に多くの人に好かれるキャラクターには共通する特徴があります。右ページに8つの特徴を紹介していますので、キャラクターを作成する際の参考にしてください。ただし、人気キャラクターの多くが8つの特徴すべてを備えているというわけでもありません。個性を持ちながらもいくつかのポイントを押さえているという観点で理解しておいてください。

 ## 目的に適した方法でデザインして活用しよう！

　キャラクターを作成するときに右ページのポイントをいくつか押さえていれば、極端に嫌われることは少ないでしょう。シチュエーションや用途にもよりますが、汚い・気持ち悪い・闇を感じる……などのキャラクターは、初めて見た人にいきなり好かれるのは難しくなりがちです。特にブログに来る人は情報を得ようと訪れているので、妙に不気味な雰囲気だったり、ムダなところに想像力を働かせるような要素があったりすると、すぐに離脱してしまいます。「たくさんの人にブログを読んでもらう」というのが本来の目的であり、絵やキャラはそのサポートツールです。本来の目的を達成するための「キャラクターデザイン」であり「キャラクター・マーケティング」であるとおさえておきましょう。

## 人気キャラによくあるポイント

- **低頭身**
  2〜3頭身

- **大きな目**
  不自然でない
  レベルで…

- **小さな鼻**
  点だけだったり
  ない場合も

- **笑顔**
  あえての
  無表情な場合も

- **動きがある**
  直立不動すぎない

- **輪郭線が太め**
  内部の線は細めで
  メリハリを出す

- **シンプル**
  細部を描き込み
  すぎてない

- **柔らかそう**
  触りたくなる
  ようなイメージ

現実にある人気キャラを色々見てみると勉強になるぞ！

- 似顔絵の次は架空キャラにもチャレンジしてみよう
- 動物を基本にワンポイント違和感を加えるとやりやすいぞ

## METHOD 86 キャラの目線・向きが与える印象を使って演出せよ！

### ✓ ブログに絵を使うことは演出表現の一つである

せっかく作ったキャラクターは効果的に使わないと意味がありません。特に最近のブログは「会話アイコン」として絵を使い、漫画のフキダシのような形で会話を進めて読ませるタイプが多くなっています。漫画的で見た目にわかりやすいのと、つい先を読み進めたくなることでページの離脱を遅くする効果も得られます。アイコンにキャラ絵を使うときはより効果を高めるためにも「目線」や「向き」にも気を配っていきましょう。それがいわゆる「演出」です。

### ✓ 目線や向きが与えるイメージを上手く利用しよう

会話アイコンとして絵を使う場合、キャラの目線がどこを向いているかで誰に向かって話しているのかを演出することができます。サラリと読み流してほしいなら目線をそらす、しっかり伝えたい内容であれば目線を読み手に向ける、が基本なので意図的に使い分けてみましょう。またキャラクター同士の会話で流れを進めたい場合には、お互いに向かい合っていることも重要です。キャラ同士がそっぽを向いていると会話っぽく見えないので注意しましょう。ブログを見た人がどんな印象を持つか常に想像していれば、演出のコツも徐々に身についていくはずです。

# 会話アイコンの使い方

右に配置して、左に目線をむけるとこんな感じー

○ キャラの口からセリフが出ている感じで自然です

 超大事なメッセージは、狙ってやってみようぜ！

○ 目線を読み手に真正面から向けることで、
大事なことだというインパクトを与えることができます

 逆にするとこんな感じ？

・・・これだとちょっと会話してる感じしないよねー；

× フキダシとキャラがそっぽを向いてると違和感を抱かせます
キャラ同士がそっぽを向いていても、会話っぽく見えません

● 絵の存在は目を休めたり一拍おかせる効果もあるぞ
● 会話アイコンも使いすぎるとダラダラした印象になるので注意

## METHOD 87 イマジナリーライン

### ✓「イマジナリーライン」というものを知っておこう

　映画や漫画・アニメには「イマジナリーライン（想定線）」という概念があります。複数の登場人物を結ぶ線の延長をイマジナリーラインと言い、連続したシーンにおいてイマジナリーラインを超えた撮影や描写はしないという基本ルールがあります（あえて破る演出もありますが）。超えてしまうと2人の位置関係がわかりにくくなるというのが理由です。2人ならまだしももっと大勢のキャラがいるときに、いきなりイマジナリーラインを無視した位置関係になってしまうと、見ている側を混乱させてしまいます。

### ✓ブログの演出でおさえておくと得すること

　右ページ下の漫画では3コマ目でいきなり人物の位置が入れ替わっています。これを「イマジナリーラインを超える」と言います。場面転換の絵をはさむことなく、突然イマジナリーラインを超えていると読みにくい印象を与えてしまいます。多少でも知識を持って描いていれば、そのような事態も避けられます。今は備え付けの絵素材を使って誰でも漫画表現を使うことができます。もし漫画表現を使うならこのような漫画の基本知識を取り入れるとより読みやすい状態で読み手に届けることができます。

## イマジナリーラインとは？

B↓

↑イマジナリーライン

A↑

最初はA側のカメラから見ていたのに、突如イマジナリーラインを越えてBからの構図になってしまうと見ている人に戸惑いを与えてしまいます

●イマジナリーラインを超えた例

3コマ目の人物の位置がいきなり入れ替わっていて不自然です。1コマ目と同じ立ち位置にする、または間に場面展開のコマを加えれば自然な流れになります

- ●専門家になる必要はないけど知ってて得することは多い
- ●意識して映画や漫画を見てみると勉強になるぞ

## METHOD 88 目指すはニッチか、万人受けか？

### ✓ニッチで成功を狙うのはかなり難易度が高い

　コアな層に深く受け入れられる方向を目指すか、もしくは多数に浅く受け入れられることを狙うか？　どちらを目指すかはブログのテーマや内容によって変わります。しかし特別な理由がないのであれば、絵やキャラクターは万人受けを狙うことをおすすめします。既に人気のものを参考にして、キャラクターやブログの表現方法をどんどん研究しましょう。もちろんニッチ方面で上手く行ってる例もありますが、ニッチの場合は真似すればよいというものでもありません。マニアックなものほど狙ってやること自体にハイレベルなセンスが求められます。

### ✓情報発信で効果的に成果につなげるために

　ブログを書く目的はそれぞれですが、ほとんどの場合、より多くの人に見てもらってアクセス数を上げたいと考えるでしょう。であれば扱う内容がたとえ専門的なテーマでも絵やキャラクターはできるだけ多くの人に好まれるものにしておくべきです。中身でどれだけいいことを言っていても、入口から絞りすぎていては読み手の人数が増えません。まずは人に読んでもらえないと情報発信の意味がありません。マーケティング的にはターゲットを絞り込むことが必要ですが、こと絵に関してはむやみに絞りすぎないよう注意しましょう。

## ニッチ/万人受けのメリット・デメリット

|  | メリット | デメリット |
|---|---|---|
| ニッチ | ・ハマると強力<br>・熱いファンがつく<br>・個性を出しやすい | ・入口で人を選ぶ<br>・嫌われるとキツイ<br>・ブログも読まれない |
| 万人受け | ・間口が広くなる<br>・嫌われにくい<br>・可愛さで推せる | ・パンチが足りない<br>・印象を残しにくい<br>・自由度に制限がつく |

特別な意図がないなら万人受けを狙うほうが楽でオススメだよ！

- テーマが難解なほど中和できる雰囲気の絵は効果的だ
- 情報の箸休め的な意図でもうまく絵を利用しよう

## METHOD 89 演出はペルソナを設定しないと決められない

 **「ペルソナ」を決めておこう**

　絵をブログで使う場合は万人受けを目指した方がいいですが、情報発信としては具体的な誰に向けて演出していくかも重要になります。例えば30代男性に届けたい情報であるにもかかわらず、20代女性に好まれるキャラを使ってはよくありません。情報を届けたい対象のイメージ、マーケティング用語で言うところの「ペルソナ」を固めた上で、情報発信と演出は行いましょう。

 **情報発信で近道するためにも設定しておこう**

　ペルソナまで戦略的に運営できているサイトは少数派です。うまくすれば他との差別化につながり、ムダな記事更新を重ねて遠回りをすることも減らせます。例えばあなたがダイエットで筋トレをしたい女性だとします。検索して上位表示されたサイトにアクセスしてみると、男性向けのゴリゴリマッチョなウェイトトレーニングのサイトだったら、すぐに離脱してしまうでしょう。それはあなたのサイトでも同様です。ブログは人が検索キーワードに入力したお悩みへの回答という意味を持ちます。サイトに来てくれても回答が的確でなければすぐに離脱されます。一番大事にしたい、情報を届けたいペルソナをしっかり設定して、それを軸に裾野を広げていくと展開しやすくなります。

## ペルソナの作り方

- 名前　　　　　　デザミ
- 性別　　　　　　女性
- 年齢　　　　　　23歳
- 住んでいる地域　東京
- 家族構成　　　　父、母、弟
- 仕事　　　　　　銀行勤務
- 収入　　　　　　350万円
- 考え方や悩みごと
  まじめな性格
  ほどよい腹筋を手に入れるため
  筋トレをしたいと思っている

顔を思い浮かべられるくらい具体的に設定を作り込んでおくと
その人に情報を届けるために何をどうすべきかがイメージしやすくなります

既に販売されている
商品・サービスなら
実際のお客様をイメージして、
新発売なら売りたい層を
想定して作っていこうね♪
状況を見ながら改善
していくのも大切だよ!

- 以前悩んでいた昔の自分をペルソナにするのも有効だ
- ペルソナ以外への発信も2割程混ぜ込むとバランスが良くなる

## METHOD 90 商用フリー素材のすすめ

### ✓ 効率性を上げるために使える素材は利用しよう！

　【コンテアニメ工房】のブログアイキャッチのイラストは、1枚30分で仕上げるというルールで制作しています。あくまでもブログ本文が主役であり、絵にそれ以上時間をかけるのは本末転倒だという考えで縛りを設けています。絵を描いて使うには効率性が欠かせません。あなたがアイキャッチを描くときも制作にあてるのは1時間を上限としておきましょう。背景には商用フリー素材を積極的に使いましょう。全部が全部、あなた自身で描く必要はありません。

### ✓ 商用フリー素材を使う際のポイント

　商用フリー素材とは、商用利用でも使用可能として配布・販売されている画像のことです。無料と有料のものがあります。たとえばクリスタにはソフト自体に素材が同梱されています。背景のほか「漫符」と呼ばれる漫画的記号や擬音もあるので、一味付け加えたいときに使ってみましょう。ダウンロードで追加できる素材もあるので、興味があれば公式サイトで確認してください。ただし、商用フリー素材には利用規約があります。「フリー」だからといって、何をしてもOKというわけではありません。利用する前には必ず一読し、何がOKでNGか確認した上で利用しましょう。

## クリスタ素材の使い方

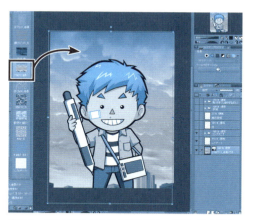

❶素材パレットで素材を選びます

❷ドラッグしてキャラの後ろに配置し、移動・拡大縮小・回転などで調整します

背景素材以外にも、漫画的表現の記号や擬音などがあります。レイヤー上で右クリックし「ラスタライズ」すれば色味の調整などもできるようになります

- あなたが撮影した写真を素材として使うのももちろんアリだ
- 同じ素材を使いすぎると悪目立ちするのでポイントを絞ろう

## METHOD 91 漫画やアニメの表現を積極的に取り入れろ

### ✓ 効率性を上げるために使える素材は利用しよう！

　ブログに絵を取り入れる場合、キャラを配置して雰囲気を明るくするだけでなく、読みやすくしたり感情移入しやすくするといった工夫も重要です。そのためには漫画やアニメの手法・表現技法もうまく取り入れていきましょう。読み手を楽しませることがサイト運営者の基本姿勢です。笑わせることだけではなく、興味深く記事を読んでもらい、さらにその先へと進んでもらいましょう。

### ✓ やりたい表現のまえに、成し遂げたいことを優先する

　漫画ならコマ割・ストーリー・擬音、アニメなら動画・声や音……と表現手法はさまざまです。今のブログは「テーマ」というテンプレートのようなものを使っていれば、やりたい表現を簡単に記事に取り入れられます。そのため多くの人気ブログは見せ方をいろいろと工夫しています。しかし間違えてほしくないのは「はじめに発信ありき」です。あなたの伝えたい情報を「発信」して届けたい人の「ペルソナ」を固め、その上で絵やキャラを使った「演出」を行います。演出ばかりに気をとられて、情報発信がおろそかにならないよう注意しましょう。大切なのは「ゴールからの逆算」です。目的を固めた上であなたなりの演出を駆使していきましょう。

# ブログで動画や画像を見せる手順

※WordPressのテーマ「ハミングバード」を使用

●画像を挿入する

❶ブログ作成画面（投稿）で[メディアを追加]をクリック

❷[メディアを追加]ダイアログが表示される

❸挿入したい画像をライブラリ上にドラッグ＆ドロップ

❹キャプション等設定して[投稿に挿入]をクリック
❺画像の配置場所を選択

●動画を挿入する

[挿入]メニュー→[メディア]を選択。YouTubeなどの「埋め込みコード」をコピー＆ペーストする

● TwitterなどのSNS投稿も簡単に組み込めるぞ
● 最近はインスタを活用したサイトも増えているんだ

## METHOD 92 流れで伝えたいときはストーリーで魅せよう

### ✓ 流行りのランディングページを見てみよう

　サイトで新サービスを始めたい、新商品の情報を伝えたい。これまでなかったものや言葉で説明するのが難しい商品・サービスなら、漫画のような連続した絵とストーリーで見せる方法がおすすめです。やたら縦長の商品告知ページを一度は見たことあるでしょうが「LP（ランディングページ）」と言い、読み手に買いたいと思わせ成約につなげていく流れを1ページに収めるために長くなっているのです。最近ではLPに漫画を利用する例も増えています。実際に漫画から始めることでページの離脱率が激減した例もあります。

### ✓ 大事な部分ほどストーリーを組み込んで惹き付けろ！

　ブログ記事よりもサイト運営者のプロフィールの方がスイスイ読めたという経験はありませんか？　それはプロフィールには運営者の物語が込められているからです。ストーリーは自然と人を惹きつけます。長いLPは全体の構成が肝であり、最初は関心が薄かった読み手が最後には「欲しい！」と思ってしまうような仕掛けがあちこちに施されています。あなたも伝えたいことがあったり、新商品・サービスをアピールしたいときは、ぜひストーリーで見せることを試してください。漫画にできればさらなる効果上昇も目指せます。

## ストーリー構成の簡単な作り方

物語のゴールを決める
▼
必要な登場人物を決める（多くしすぎない）
※それぞれの特徴を明確にする
※読み手の感情移入の対象を一人に絞る
▼
つなげたいゴールと正反対の状況から物語を始める
▼
展開に上下のメリハリを付けた流れで話をすすめる
▼
飽きさせないようにバリエーションは多めに
▼
基本はハッピーエンドで締める

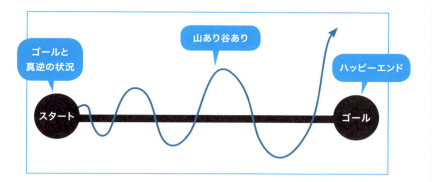

- その人にこそ刺さる価値をメリハリつけて伝えていこう
- 自己満足で完結しないよう第三者の目で確認しよう

## METHOD 93 ブログで絵を使うとき参考にしたいサイト4選❶

### 「ブログマーケッタージュンイチ」

　ブログを学ぼうとして検索すると必ずヒットする松原潤一さんのサイトです。もともと漫画好きの方で会社独立時はビジネス用漫画で食べていこうとしていただけあって、記事内でも漫画的要素が多く使われています。文章もわかりやすく、絵を加えることでより見やすく理解しやすくなっています。最近はLive2Dというソフトを使って動くキャラもうまく活用されています。2017年末に発売した「Seal（シール）」というオリジナルのWordPressテーマはカスタマイズ性が高くインスタグラムとの連携も取り入れてあり新しいもの好きなら要チェックです。

### 「ヤマモトケンタのブログ」

　ITを上手く活用できない中小企業の経営者を助ける活動をメインに、コンサルティングをされている山本健太さんのサイトです。ブログ運営やLPの作り方などサイトを軸としたビジネスをするときに悩むテーマが網羅されています。特に「疾風怒濤のCRMマーケティング」というシリーズはキャラと会話の流れで読み進めるストーリー仕立てになっていて、内容がとてもわかりやすく伝わってきます。物語を見せたいときの参考にしてみてください。

## 絵の使い方の参考になるサイト

### ●ブログマーケッタージュンイチ
https://junichi-manga.com/

とにかく楽しく、わかりやすく読んでもらおうという姿勢で多くの人から共感と支持を集めています

### ●ヤマモトケンタのブログ
https://www.officebk.com/

専門的な言葉を漫画を使って噛み砕き、ブログでビジネスを行うにはどうすればいいかを順序立てて解説しています

- ●入り込みやすい雰囲気を作り出すことに絵を活かそう
- ●物語を読むだけで内容が理解できるように工夫しよう

## METHOD 94 ブログで絵を使うとき参考にしたいサイト4選❷

### ☑「たてBOX」

　営業職の会社員で自他ともに認める独り遊びの達人もんりっちさんが運営しているオッサンのためのサイトです。飲みや旅行の独り遊びがメインテーマで「みなさん、どうも僕です」から始まる独特のノリがハマる人にはハマります。顔出しNGとのことですが、アプリで盛り加工をしたり、黒目線だけなど、突っ込みどころ満載で……。実に楽しそうにサラリーマン生活を過ごされているなと思わされる雰囲気です。ご本人のキャラクター性に加え画像素材も多く利用し、見やすく楽しく読んでもらうことを重視している姿勢が強くうかがえます。

### ☑「拝啓、覆面のパンダ夫婦です。」

　Web制作の仕事をしている旦那様と専業主婦の奥様のサイトです。パンダマスクがトレードマークで、TDRのシンドバッドの冒険に1日20回乗ったり、妙なフィギュアのレビューをしてみたりと軽妙なノリが魅力です。ご夫婦別々に記事を書いているので、違ったパターンが楽しめて飽きさせません。雑多に見せて下品にならないバランス感覚もお見事です。ブログ運営であなた自身をキャラクターにしたい場合は、デジ絵とともにこんな見せ方をするのもアリかもしれません。

## キャラクター・ブランディングの参考になるサイト

### ●たまてBOX
http://tamatebox.net/

関西独特のノリと強烈なキャラクター性が楽しいサイトです

### ●拝啓、覆面のパンダ夫婦です。
https://fukumen-panda.com/

旦那様が本業でバリバリのWebデザインをされてるので実は手の込んでるサイトです。最近は絵も積極的に活用されています

- ●顔出しできないことをうまく逆手に取るのも面白いぞ
- ●トータルでのサイトの世界観作りが何より重要なんだ

## METHOD 95　SNSにおけるデジタル絵の効果的な活かし方

### Twitterの場合

　デジタル絵を使ったネタと最も親和性が高いSNSがTwitterです。イラストや漫画を使ったネタが一度バズると延々拡散され、一気にフォロワーが増えることもあります。Twitterは共感できる、面白い、という方向が拡散につながります。絵がついてわかりやすいと拡散の可能性をより引き上げられます。

### Instagramの場合

　最近は企業も商品写真を掲載して積極的にブランディングを行っています。個人でも同様に、写真や絵を活用していくことが可能です。ただし過剰な商売っ気は嫌悪されることもあるため、あくまでコンテンツの雰囲気に止めておきましょう。売り込みはプロフィールにURLを書いておく程度が望ましいです。

### Facebookの場合

　Facebookは他のSNSと比べるとデジタル絵を活用した上手い例が少ないかもしれません。見せ方自体はTwitterのように複数枚をスライドにもできますが、SNSの特性として合わない部分があるのかもしれません。未知の方法を見つけることさえできれば、とんでもないことになるかも!?

## Twitterでデジタル絵を活かした例

●おやもちゃれんじ
https://nagisa01.net/

日々の育児や仕事・家庭のあり方について綴っている西なぎささんのサイト。Twitterで漫画をアップしたところ多くの共感を呼び、一気にフォロワー数が増えました。絵柄の素朴な暖かさと内容が上手くマッチしています

- ●漫画は見る人の食いつきも段違いの表現手法だ
- ●SNSごとの特徴を理解したうえで実践してみよう

## METHOD 96 絵やキャラを ブログに使う際の注意点

### ✅ ブログで絵を使うときに注意すること

　これからあなたがブログで絵やキャラを使っていくときに注意すべきポイントを右ページにまとめました。新たにキャラクターを作成したり、実際に使用する際もたまに思い返して、間違った方向に行っていないか確認してください。ブログのメインはあくまで記事です。文章の邪魔になったり、絵を見ることに疲労感を感じたりしないかなど、一見さんの気持ちになって確認することが大切です。次を読み進めたくなる流れになっているか、また来たいと思ってもらえる雰囲気になっているかなども冷静に判断していきましょう。

### ✅ 単なるエゴはダメ、世界観を押し付けすぎないよう！

　何より大事なことは、あなたの意図や絵による表現が読み手に押しつけだと思われないことです。絵が逆効果になることだけは避けましょう。文章の情報を伝えるためとは言え、絵を見ることを強制させてると感じられないよう注意してください。そのためには、まずサラリとした装飾的な存在として絵を使い始めることです。ある程度慣れてきてから、狙った手法を試すようにしていきましょう。見てくれる人のために存在する絵やキャラだということを絶対に忘れないでください。

## ブログで絵を使う際の10のポイント

❶ 対象は一見さん

❷ ニッチでなくメジャーを狙おう

❸ 絵は下手でもいいけど丁寧に仕上げよう

❹ アクを個性だと勘違いしないこと

❺ 余計な頭を使わせる設定は外そう

❻ ブログで大事なのはあくまで文章、
　絵はより良く見せる演出と考えよう

❼ 絵に時間をかけすぎない、常に効率性を考えて

❽ デザインに困ったときはまず自分の似顔絵から

❾ 表情パターンを複数用意しておくと
　汎用性が高くなって便利

❿ メリハリつけて使おう、絵素材の入れ過ぎに注意

●絵があることが自然に見えるレベルを狙うといいかも？
●狙いすぎると盛大にスベることもあるので気をつけよう

## METHOD 97 ブログで収入を得る第一歩とは？

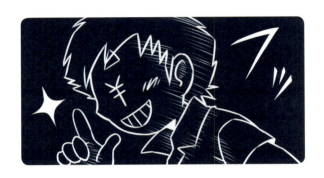

### ✓ ブログを使った収益化にはどんな手段がある？

　ブログと言えば収益化（マネタイズ）を発想されることが最近増えています。主流は下記のような方法で、実際うまく運営すれば収益化は可能です。
① **Googleアドセンスに代表されるクリック型の広告収入**
② **オススメしたい商品のアフィリエイト**
③ **オンラインサロンやコンサルなど**
　ブログが中心にあると派生的に可能性が広がります。会社勤めをしながら毎月数万円の副収入を得ることも十分可能です。今後、副業が公に解禁されたらますますブログをやりたい人は増えていくことでしょう。

### ✓ ブログは始める前の構想が欠かせない！

　とは言え、芸能人ブログのような日記を書けばいいわけでもありません。ブログは検索に対する回答なので、悩みを解消する内容を書き、タイトルや見出しにキーワードを入れて、検索されてヒットする状態に仕上げる必要があります。早く成果につなげるには、書き始める前の設計も重要です。あなたが何を伝えられて誰のどんな役に立てるのか？　ブログの第一歩はその思考から始まります。収益化のみでやるとしんどいのでじっくり進めていきましょう。

## 収益化を見据えブログを始める流れの例

メインテーマを決めて、検索の回答となるような
ブログ記事を書いていく

検索されるキーワードを調べ、競合記事に負けない質で
書いていくことでアクセスを徐々に上げていく

記事が増えてきたらGoogleアドセンスを申し込み、
広告収入の仕組みを理解し改善していく

アクセスの伸びてる記事にアフィリエイトできる商品が
ないか探して、できそうなところに少しずつ入れてみる
いきなり上手くはいかないので、他サイトを見て研究する

サイトのテーマにちなんだ独自商品も展開させる

無料ブログは商用不可だったり
突然削除されることもあるから
独自ドメインを取得して
WordPressで始めよう！

- 特化型でジャンルを絞ったほうが結果的に生き残りやすい
- 「適切な書き方」で「継続」することが何より重要だ

## METHOD 98 ブログで成果を出すための近道は成功者を真似すること！

### ☑ まずは半年、やめずに頑張ろう！

　検索上位表示されるためのSEO対策も行いながら更新を継続していけば、半年過ぎる辺りから手応えを感じてくるでしょう。その頃にはGoogleアドセンスという広告も記事内に貼れるようになり、記事次第では商品紹介でアフィリエイト報酬を得られることもあります。ただ気をつけてほしいのは、報酬を得ることを急ぎすぎると失敗するということです。まずはあなたの発信の質を高めることに重きを置きましょう。ある程度ジャンルを絞って専門家的なブランディングも行いながら運営していけば、マネタイズできる部分は必ず出てきます。

### ☑ 絵もブログも独学はできるだけ避けよう

　絵やブログに限りませんが、新しいことを始めるときは、まず目標とする人や媒体を見つけましょう。自分がやりたいことと似たような方向性で先に成功している人を探して教えてもらうのが一番の近道です。独学は多くの場合で遠回りです。成功している人は、あなたが思ってるよりも優しく教えてくれます（節度は守りましょう）。筆者の場合もとあるブログスクールに参加したくさんの人と関わりを持ったことで前進できました。励まし合いながら成長できる環境を見つけられれば、あなたの成功はきっと現実になります。

## 収益化を見据えたブログ運営10のコツ

**1** 一つの記事では2000文字以上を目指そう

**2** 行間を詰めすぎないようにしよう

**3** 絵や漫画を上手く活用しよう

**4** 更新頻度でなく記事の質で勝負しよう

**5** 最初に結論を書いてその理由を本文に書こう

**6** あなただから書ける内容を増やしていこう

**7** プロフィールで人間性を知ってもらおう

**8** ムリのない自然なブランディングを心がけよう

**9** 他人を煽ったりせず炎上を狙うのはやめよう

**10** 広い視野でさまざまな可能性を実際に試して改善していこう

焦らずじっくりいこー♪ 進め方さえ間違えなければ収益化は不可能じゃないよ!

- ブログノウハウは再現性が低いものも多いので商材購入は慎重に
- 他人の成功を羨みすぎず自分自身の成長を目指していこう

## METHOD 99 ブログを上手く長く継続していく10のコツ

### ☑ とにかく続けていかないことには何も始まらない！

　ブログ継続にはいくつかのコツがあります。右ページに継続のコツをまとめていますので参考にしてください。❷についてはメインテーマの記事を8割、その他を2割くらいにするとバランスが良くなります。難しい話ばかりだと読み手が辛くなるので、あなた自身に関心を持ってもらえるような記事も挟みましょう。❼は、あなたが他サイトで商品を買おうと思ったときに運営者の顔がどの程度見えていると安心できるかを基準に考えましょう。もし会社にバレたくないなら無理する必要はありません。❽についてはGoogleのアルゴリズムは日々変動します。突然アクセスが何割減なんてことも起こるので強いマインドは必須です。

### ☑ アクセスが増えない記事はリライトしよう

　きちんとキーワードを選んだのにアクセスが増えない……。そんな記事はタイミングを見てリライトしましょう。競合記事と比較して不足があれば加筆する、わかりにくい説明を修正する、タイトルや見出しがもっと読み手に刺さるように変更する、などです。執筆当時に気づかなかったことでも時間が経てば見えてくることがあります。ブログの良いところは公開後でも修正できてPVを増やせることです。最新の情報も加えて、記事の寿命を延ばしてあげましょう。

## ブログ継続の10のコツ

**1** 悩んでいる人への回答を記事にする

**2** 専門分野を積極的に発信していく

**3** パソコンよりもスマホユーザーを優先しよう

**4** SNSで他のブロガーと絡んで関係を広げていく

**5** 最低限のSEO対策は学んでいく

**6** リスクヘッジしたいなら複数サイトを持つ

**7** 顔出しか否かは他人に流されず自分で判断する

**8** Googleはいつでも変わると覚悟しておく

**9** マネタイズは1種類に絞らず多くのパターンを構築していく

**10** 昔の記事はリライトして新情報を加えていく

柔軟な姿勢を持ってどこかの誰かのために質の高い情報発信を心がけていこう！

- いきなり全部は無理でもできることから進めていこう
- あなたが楽しくやらないとブログ運営は絶対に続かないぞ

# METHOD 100

## ブログの発信ではあなた自身が一番のキャラクター！

　ブログに正解はありません。ブログの数だけ解があります。最近は収益化を夢見て多くの人が始めていますが3カ月以上続けられるのは2〜3割程度と言われています。特に最初の半年間はアクセス数も少ないのでモチベーションを保つことが難しいでしょう。続けるためにはしっかりした目標を持ち正しいやり方で続けること、そしてブログ仲間を見つけることです。

- あなたは何のためにブログをやりたいと思っていますか？
- あなたのブログは他のサイトとどこが違っていますか？
- あなたのサイトに訪れてくれる人の悩みや願いはどんなことですか？

　これからの情報発信にはオリジナルコンテンツが欠かせません。その意味でも絵の要素はますます有効度を増していくはずです。見やすく楽しいブログと、見にくく単調なブログ。どちらが喜ばれるかは明白です。スマホでの流し見が当たり前の現代、読んでもらう配慮ができてないサイトは生き残れません。

　本書ではキャラクター・マーケティングの重要性を解説しました。何も思い浮かばないなら最初は無理しなくても構いません。ブログを運営しているあなたこそ最大のキャラクターなので、あなた自身をいかに見せていくか、覚えてもらって好きになってもらうかを考えましょう。嘘をつかずカッコつけすぎず、素直な自分で魅せていきましょう。

　そしてどこかの誰かのためにコツコツ書き続けてください。すべてはそこからです。予想外のところから思わぬ展開が起こるのがブログのすごさであり面白さです。この本も、もともとは出版社の編集さんがたまたまブログ記事を見つけてくれたことが始まりです。次に本を出すのはあなたかもしれませんよ？

PART 8　キャラクター・マーケティングを駆使せよ！

おつかれさまでした！

2015年8月
【コンテアニメ工房】開設当時の
キャラクターとロゴです

# ブログ運営で得たもの

2015年の8月末にサイト【コンテアニメ工房】を開設して、
この文章を書いている2018年3月はじめの時点で2年半が経過しました。

最初は何もわからないままブログを始めたので、
初期の文章は今見るとひどいもので……消したいものも数多く残っています。

でもそんな中でも後の収益につながるものや
大きなPV獲得につながるものもあったので、
日々ブログを書いてきてムダなことは何一つなかったようです。

でも、ただやみくもにやっていてはブログはなかなかうまくいきません。

ちゃんと実績を出している詳しい人に教わって始めたほうが近道です。
筆者のように回り道をする必要はありません。

実はブログは、再現性の低いノウハウが非常に多く出回っています。
運やタイミングも絡むし、ジャンルが違えば必要な対策も変わってくるため
全てに通じる方法というのは少ないものです。

あなたが勉強したくてこれから何かを購入しようと思ったら、
そのような意識をしっかり持った上で買うようにしてみてください。

【コンテアニメ工房】はおそらく個人の絵のノウハウブログサイトとしては
トップレベルのPVだと思いますが、クリスタやpixivなどが運営しているメディアには
歯がたたないのも事実です。個人単位でできることの限界は存在します。

とはいえ、やり方次第で個人が大手相手に戦っていけるのもまた確かです。

そして、生活していけるくらいの収益を得ることも十分可能です。
継続運営していくと収益以外にもノウハウやブログ仲間、
記事を楽しみに見てくれる人たちがどんどん増えていきます。

メディアからのインタビューや本書の出版など、
企業に属した一会社員として働いていたときにはまるで考えられなかったことが
ブログのアクセスアップ後には次々と起こりました。

ブログは夢のあるメディアです。そしてとても楽しいものです。

【ブログ×絵×ブランディング】の力もぜひうまく活用しながら、
ブログであなただけのステージを作っていってもらえたら嬉しいです。

## 継続していくためにもわからないことは先人に聞こう

おかげさまで今でこそ毎月25万PV前後のアクセスがある【コンテアニメ工房】ですが、
開設から半年後は月間1万にも満たないレベルでした。
それも、たまたま当たった一つのガジェット系記事が
40％ほどのアクセスを獲得していたので実質は6000PVほどでした。

ブログで成果を出すにはアクセスが全てとまでは言いませんが、
最低限のアクセスがないことにはやりたいことを実現しにくいのも事実です。

情報発信には適切なやり方が欠かせません。
どれだけ頻繁に更新して数百もの記事を書いていても、いつまでたっても
月間1万前後のPVで留まってしまうことは普通に起こります。

先のページで書いたように、わかる人に相談し独学だけでやらないようにしましょう。
手応えのない時期がダラダラ続いてしまうと人間必ずやめてしまいます。
継続を止めてしまうとそこでブログは終わります。

そしてSNSにおいても、ブログと絡めた情報発信と拡散をうまく進めていきましょう。

見た人がブログを訪問したくなるような書き込みや、
この人のノウハウを追いかけたいと思わせるつぶやき、
単純に見ていて楽しめる漫画や絵を用いたオリジナルコンテンツなど、
やり方はいろいろあります。

しつこいようですが、大事なのは発信し続けることです。

やめた瞬間からあなたの存在はどんどん忘れられていきます。
鬱陶しく思われない程度の頻度で、
定期的にあなたを伝えていきましょう。
ブログとSNSが両輪で動きだすと
サイト運営はかなり安定してきます。

そこに絵を加えて差別化、
ブランディングまでができれば
もう怖いものはありません。

# 人生で出会えた多くの方々に感謝を込めて

とにかくブログは実際に開設して運営を始めてから気づけることの多い媒体です。
勉強しすぎて頭でっかちになりすぎる前に、
実際にサイトを１つ作ってブログを書くことを始めてみてください。

振り返ると、あれは失敗だったなんてことも数多く出てきますが、
ありがたいことにブログはいくらでも修正ができます。
おかしなところはあとで好きに書き直せば大丈夫です。

文章自体も、とにかくどんどん書かないことには決してうまくなりません。
気に入ったブログの言い回しを真似してみたり、
効果の高そうなノウハウを追求しながら
トライアンドエラーを繰り返して成長していくのみです。

【ブログ×絵×ブランディング】の要素も積極的に取り入れながら、
ぜひあなたにしかできないオリジナル色の強いサイトを作っていってください。

時間は多少かかるでしょうが、役立つ情報発信をしたいという
気持ちさえ根底にあれば必ずその想いは対象となる人に届くようになります。

……最後となりますが、
この一風変わった本【ブログ×絵×ブランディング】を手にとってくださったあなた。
出版の声をかけてくれた編集の平松さんと、わがままを聞いてくれた出版社の皆様。
これまで【コンテアニメ工房】に訪れてくれた250万人以上の方々や
オリジナル商品やサービスを購入してくださった多くのお客様たち。
いつも飲みに付き合ってくれる地元の幼馴染みや友人、かつての職場の同僚、
独立する際に親身に相談に乗ってくれた各ジャンルのエキスパートの皆様方。
そしてブログやSNSを通じて独立後に知り合った多くの方々。
ものすごく心配しながらもひそかに応援してくれている実家の家族や親戚、
そして自分の会社を辞めるという選択を尊重し支えてくれた妻と
最近かなり生意気だけど愛おしい娘に感謝を込めて、終わります。

2018年３月吉日

【コンテアニメ工房】運営/アートディレクター
ハシケン（橋本 賢介）

# Information

【コンテアニメ工房】
https://conte-anime.jp/
デジタル絵を自由なツールとして使えるようになるサイト

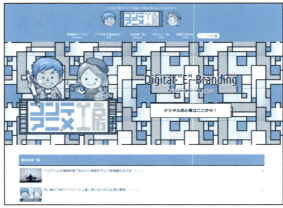

【無料メルマガ】
https://conte-anime.jp/post_lp/e-book
E-book「実はこんなに簡単！デジタルで絵を描く方法」無料PDFプレゼント中

【キャラデザ】
https://conte-anime.jp/post_lp/chara-deza
表情まで変えられるフルオーダーメイドの全身似顔絵ブランディングツール

【デジ絵ワークショップ】
https://conte-anime.jp/post_lp/dg-workshop
完全初心者でもたった4時間でデジタル絵が理解できる！

Twitter
https://twitter.com/conteanime

Facebook
https://www.facebook.com/conteanime/

Instagram
https://instagram.com/conteanime

## 著者プロフィール

### ハシケン（橋本 賢介）
create archives代表／アートディレクター
絵やブログを活用した差別化・ブランディングの専門家。
情報発信で積極的に絵を使い、発信力・表現力を高める方法を伝えている。
若かりし頃は漫画家を目指し、その後十数年間「絵を描く」関連の仕事に従事。
2015年に独立し、絵のブログサイト【コンテアニメ工房】を開設。
絵を主軸とした個人事業をスタートさせ現在に至る。

主な作品
『2027 Ⅰ・Ⅱ』(トレード企画)キャラクターデザイン・アニメーション制作等
『海賊道』(gumi)、『戦国修羅SOUL』(クリーク・アンド・リバー社)アートディレクション等
ほかオリジナル版権モノ 多数

## ブログ×絵×ブランディング
自分の絵で人気ブログを作る100のメソッド

2018年4月5日　初版第1刷発行

| | |
|---|---|
| 著　者 | ハシケン（橋本賢介） |
| カバーデザイン | 大里 浩二 |
| 本文DTP | THINKSNEO |
| 制作協力 | おーはし みちよ |
| 編　集 | 平松 裕子 |

| | |
|---|---|
| 発行人 | 片柳 秀夫 |
| 編集人 | 三浦 聡 |
| 発　行 | ソシム株式会社 |
| | http://www.socym.co.jp/ |
| | 〒101-0064 |
| | 東京都千代田区神田猿楽町1-5-15 猿楽町SSビル |
| | TEL：03-5217-2400（代表） |
| | FAX：03-5217-2420 |

●本書の一部または全部について、個人で使用するほかは、著作権上、著者およびソシム株式会社の承諾を得ずに、
　無断で複写、複製、転載、データファイル化することは禁じられています。
●本書の内容の運用によって、いかなる損害が生じても、著者およびソシム株式会社のいずれも責任を負いかねますので、あらかじめご了承ください。
●本書の内容に関して、ご質問やご意見などがございましたら、弊社Webサイトの「お問い合わせ」よりご連絡ください。

なお、お電話によるお問い合わせ、本書の内容を超えたご質問には応じられませんのでご了承ください。

定価はカバーに表示してあります。落丁・乱丁本は弊社編集部までお送りください。送料弊社負担にてお取り替えいたします。

印刷・製本　株式会社暁印刷
ISBN978-4-8026-1157-2　Printed in Japan
©2018 create archives／コンテアニメ工房　All Rights Reserved.